高等学校测绘工程系列教材

遥感图像处理实验教程

主编：闫 利

编委：（按姓氏音序排列）

邓 非 李 妍 闫 利 张 毅 詹总谦

武汉大学出版社

图书在版编目(CIP)数据

遥感图像处理实验教程/闫利主编. —武汉:武汉大学出版社,2010.1
(2023.1 重印)
高等学校测绘工程系列教材
ISBN 978-7-307-07175-9

Ⅰ.遥… Ⅱ.闫… Ⅲ.遥感图像—图像处理—高等学校—教材
Ⅳ.TP751

中国版本图书馆 CIP 数据核字(2009)第 104075 号

责任编辑:林 莉 责任校对:黄添生 版式设计:詹锦玲

出版发行:**武汉大学出版社** (430072 武昌 珞珈山)
(电子邮箱:cbs22@whu.edu.cn 网址:www.wdp.com.cn)
印刷:武汉邮科印务有限公司
开本:787×1092 1/16 印张:13.5 字数:326 千字 插页:6
版次:2010 年 1 月第 1 版 2023 年 1 月第 4 次印刷
ISBN 978-7-307-07175-9/TP·337 定价:25.00 元

版权所有,不得翻印;凡购买我社的图书,如有质量问题,请与当地图书销售部门联系调换。

前　言

遥感是当今科技发展中最具知识创新性和技术带动力的领域之一，是一门利用航天、航空、近地、地面平台获取空间影像信息测定目标物的形状、大小、空间位置、性质及其相互关系的学科。现代空间技术、导航定位技术、计算机技术和网络技术的发展，使人们能够快速、及时和连续不断地获得有关地球及其外部空间环境的大量几何与物理信息，极大地促进了与地球空间信息获取与应用相关学科的交叉和融合，推动了地球空间信息科学的诞生与发展。资源、环境、灾害、人口是经济建设与社会发展面临的四大主要问题，地理空间信息是解决这四大问题的基础，遥感技术是对地观测数据快速获取与处理的重要手段，能够提供不同时空尺度、多层次、多领域、全方位的数据，为资源、环境、灾害、交通、城市发展等诸多与社会可持续发展密切相关的领域提供全新的技术支持和全方位的信息服务。

全国设有遥感相关专业的院校共有140多所，涉及的学科领域主要有测绘、地质、农业、林业、交通、土木等。统计数据表明，到2005年，我国已经有1 000多家3S单位、10多万名从业人员，直接或间接地从事卫星遥感技术的软硬件研制、应用和开发工作。遥感技术已成为我国地理空间信息产业的一个重要组成部分，发挥的作用越来越明显，并成为一些行业的支撑技术。因此，加强遥感专业技能的培养具有重要的现实意义。

《遥感图像处理》是测绘工程专业核心课程之一，针对测绘工程专业以及相关专业遥感课程教学大纲的要求，面向测绘行业以及相关行业领域对遥感专业人才的专业技能需求，本书扼要地介绍了遥感技术的发展和应用现状，设计了9个实验，可用于测绘工程本科专业或相关专业的遥感实验课程。

在本书编写过程中，聂倩、赵展、曹君、谢洪等同志做了大量的工作，在此表示感谢！由于时间仓促，不妥之处敬请批评指正。

编　者
2009年6月

目 录

第1章 绪论 ... 1
1.1 遥感技术发展现状 ... 1
1.1.1 遥感平台与传感器新进展 ... 1
1.1.2 遥感科学与技术进展及趋势 ... 2
1.2 遥感应用现状 ... 3
1.2.1 遥感技术在基础测绘中的应用 ... 3
1.2.2 遥感技术在资源调查与监测中的应用 ... 4
1.2.3 遥感技术在生态环境监测中的应用 ... 6
1.2.4 遥感技术在灾害监测与管理中的应用 ... 6
1.2.5 遥感技术在农业中的应用 ... 6
1.2.6 遥感技术在数字城市建设中的应用 ... 7
1.3 实验安排 ... 7

第2章 遥感图像处理系统 ... 8
2.1 遥感图像数据处理流程 ... 8
2.2 遥感图像数据处理系统组成 ... 9
2.2.1 遥感图像数据处理的硬件系统 ... 9
2.2.2 遥感图像数据处理的软件系统 ... 11
2.3 国内外遥感图像处理软件 ... 12
2.3.1 ERDAS IMAGINE ... 12
2.3.2 ENVI ... 13
2.3.3 PCI ... 14
2.3.4 eCognition ... 15
2.3.5 ER Mapper ... 16
2.3.6 像素工厂 ... 17
2.3.7 GeoImager ... 17
2.3.8 TITAN Image ... 18
2.4 ERDAS 遥感图像处理软件系统介绍 ... 19
2.4.1 菜单命令及其功能 ... 19
2.4.2 工具图标及其功能 ... 20
2.4.3 ERDAS IMAGINE 主要功能介绍 ... 21

第3章 遥感图像认知 ... 27

3.1 实习内容和要求 …………………………………………………………………… 27
3.2 遥感图像类型 ………………………………………………………………………… 27
3.3 国外遥感卫星系列 …………………………………………………………………… 28
 3.3.1 Landsat 卫星 …………………………………………………………………… 28
 3.3.2 IKONOS 卫星 …………………………………………………………………… 28
 3.3.3 QuickBird 卫星 ………………………………………………………………… 29
 3.3.4 Obview 卫星 …………………………………………………………………… 30
 3.3.5 WorldView 卫星 ………………………………………………………………… 30
 3.3.6 GeoEye 卫星 …………………………………………………………………… 31
 3.3.7 SPOT 系列卫星 ………………………………………………………………… 31
 3.3.8 IRS 卫星 ………………………………………………………………………… 32
 3.3.9 ALOS 卫星 ……………………………………………………………………… 33
 3.3.10 EROS 卫星 …………………………………………………………………… 33
 3.3.11 Resurs-DK1 卫星 ……………………………………………………………… 34
 3.3.12 KOMPSAT 卫星 ……………………………………………………………… 34
 3.3.13 ENVISAT 卫星 ………………………………………………………………… 34
 3.3.14 Radarsat 卫星 ………………………………………………………………… 34
 3.3.15 COSMO 卫星 ………………………………………………………………… 35
 3.3.16 TerraSAR 卫星 ……………………………………………………………… 35
3.4 国内遥感卫星系列 …………………………………………………………………… 36
 3.4.1 资源一号(CBERS)卫星 ……………………………………………………… 36
 3.4.2 资源二号卫星 ………………………………………………………………… 38
 3.4.3 资源三号卫星 ………………………………………………………………… 38
 3.4.4 环境与灾害监测预报小卫星星座 …………………………………………… 38
 3.4.5 TS-1 卫星 ……………………………………………………………………… 40
 3.4.6 台湾福卫二号卫星 …………………………………………………………… 40
 3.4.7 北京一号卫星 ………………………………………………………………… 40
 3.4.8 清华一号微小卫星 …………………………………………………………… 41
3.5 遥感影像特征 ………………………………………………………………………… 42
 3.5.1 中低分辨率遥感图像 ………………………………………………………… 42
 3.5.2 高分辨率遥感图像 …………………………………………………………… 42
3.6 遥感图像质量评价 …………………………………………………………………… 42
 3.6.1 目视评价 ……………………………………………………………………… 43
 3.6.2 定量评价 ……………………………………………………………………… 43
3.7 遥感图像认知实验 …………………………………………………………………… 45
 3.7.1 遥感图像文件信息操作 ……………………………………………………… 45
 3.7.2 遥感图像空间分辨率认知 …………………………………………………… 47
 3.7.3 遥感影像纹理结构信息认知 ………………………………………………… 49
 3.7.4 遥感影像色调信息认知 ……………………………………………………… 51
 3.7.5 遥感影像特征空间分析 ……………………………………………………… 55

3.7.6　多源遥感影像综合分析 ································· 56
　3.8　习题 ··· 58

第4章　遥感图像输入/输出 ·· 59
　4.1　实习内容及要求 ··· 59
　4.2　遥感图像元数据 ··· 59
　4.3　遥感图像格式 ··· 61
　4.4　遥感图像格式转换 ··· 62
　4.5　遥感图像显示 ··· 63
　4.6　波段组合 ··· 65
　4.7　实验操作 ··· 65
　　4.7.1　数据输入输出 ··· 65
　　4.7.2　波段组合 ··· 66
　　4.7.3　遥感图像显示 ··· 68
　4.8　习题 ··· 70

第5章　遥感图像增强 ·· 71
　5.1　实习内容及要求 ··· 71
　5.2　直方图统计及分析 ··· 71
　5.3　反差调整 ··· 73
　5.4　直方图均衡 ··· 76
　5.5　正交变换 ··· 77
　　5.5.1　傅里叶变换 ··· 77
　　5.5.2　主成分变换 ··· 78
　5.6　低通滤波 ··· 79
　5.7　高通滤波 ··· 80
　5.8　同态滤波 ··· 81
　5.9　边缘提取 ··· 82
　5.10　实验操作 ·· 84
　　5.10.1　图像信息显示 ·· 84
　　5.10.2　图像反差调整 ·· 84
　　5.10.3　低通/高通滤波 ··· 85
　　5.10.4　同态滤波 ·· 88
　　5.10.5　主成分变换 ·· 89
　　5.10.6　卷积增强 ·· 90
　5.11　习题 ·· 91

第6章　遥感图像融合 ·· 93
　6.1　实习内容及要求 ··· 93
　6.2　IHS融合 ··· 93

| 6.3   小波变换融合 · 94
| 6.4   PCA 变换融合 · 95
| 6.5   乘积变换融合 · 96
| 6.6   Brovey 变换融合 · 97
| 6.7   遥感图像融合效果评价 · 97
| 6.8   实验操作 · 99
| 6.8.1   改进的 IHS 融合 · 99
| 6.8.2   小波变换融合 · 101
| 6.8.3   其他几种融合方法 · 102
| 6.9   习题 · 103

第 7 章　遥感影像几何纠正 · 104
　　7.1　实习内容及要求 · 104
　　7.2　控制点选取 · 104
　　7.3　多项式纠正 · 106
　　7.4　数字微分纠正 · 108
　　7.5　多源遥感影像配准 · 109
　　7.6　实验操作 · 109
　　　　7.6.1　多源影像多项式配准 · 109
　　　　7.6.2　数字微分纠正 · 113
　　7.7　习题 · 114

第 8 章　遥感影像镶嵌 · 115
　　8.1　实习内容及要求 · 115
　　8.2　全色遥感影像镶嵌 · 115
　　8.3　多波段遥感影像镶嵌 · 115
　　8.4　影像匀光 · 116
　　8.5　实验操作 · 117
　　8.6　习题 · 120

第 9 章　遥感图像解译 · 121
　　9.1　实习内容及要求 · 121
　　9.2　遥感解译标志 · 121
　　9.3　目视解译方法 · 124
　　　　9.3.1　直接判读法 · 124
　　　　9.3.2　对比分析法 · 125
　　　　9.3.3　地理相关分析法 · 127
　　9.4　目视解译过程 · 128
　　9.5　土地利用分类 · 129
　　9.6　土地利用分类目视解译 · 134

9.7 习题 ·· 136

第 10 章　遥感图像分类 ·· 138
10.1 实习内容及要求 ·· 138
10.2 非监督分类法 ··· 138
    10.2.1 模式样本设定 ·· 139
    10.2.2 ISODATA 法 ··· 139
10.3 监督分类法 ·· 140
    10.3.1 训练样区选择 ·· 141
    10.3.2 最大似然分类法 ··· 141
    10.3.3 最小距离分类法 ··· 142
    10.3.4 马氏距离分类法 ··· 143
10.4 分类精度评估 ··· 143
10.5 实验操作 ··· 144
    10.5.1 遥感图像非监督分类 ·· 144
    10.5.2 遥感图像监督分类 ·· 148
    10.5.3 分类后处理 ··· 163
10.6 习题 ··· 167

第 11 章　遥感专题图 ··· 168
11.1 实习内容及要求 ·· 168
11.2 遥感影像地图 ··· 168
11.3 植被指数图 ·· 178
11.4 土地利用图 ·· 184
11.5 三维景观图 ·· 191
11.6 习题 ··· 200

参考文献 ·· 202

第1章 绪 论

1.1 遥感技术发展现状

遥感是获取地球空间信息的重要手段之一，目前正朝着多传感器、多角度、高空间分辨率、高时间分辨率、高光谱、微波遥感等方向发展。2005—2020年，《国家中长期科技发展规划纲要》指出：发展基于卫星、飞机和平流层飞艇的高分辨率（dm级）先进对地观测系统，发射一系列的高分辨率遥感对地观测卫星，建成覆盖可见光、红外、多光谱、超光谱、微波、激光等观测谱段的高中低轨道结合的具有全天时、全天候、全球观测能力的大气、陆地、海洋先进观测体系。

1.1.1 遥感平台与传感器新进展

国际上卫星遥感技术的迅猛发展，各国纷纷发射了多颗各种分辨率的遥感卫星，能够提供海量的卫星遥感数据，遥感对地观测技术已进入一个多层、立体、多角度、全方位和全天候的新时代。由各种高、中、低轨道相结合，大、中、小卫星相协同，高、中、低分辨率相弥补而组成的全球对地观测系统，能够准确有效、快速及时地提供多种空间分辨率、时间分辨率和光谱分辨率的对地观测数据。

目前光学高分辨率遥感卫星的空间分辨率已经达到亚米级，如GeoEye、WorldView卫星的空间分辨率已达到0.41m，计划中GeoEye 2能进一步达到0.25m。高空间分辨率，加上高精度的导航定轨和姿态测量控制技术，遥感卫星影像的定位精度有了很大提高。卫星影像的光谱波段数和量化值、等级也有进一步提高，具有更好地反映地物信息的能力。线阵CCD相机成为高分辨率卫星的主要传感器，通过线阵CCD相机的侧视成像，遥感卫星能够获取大范围同轨或异轨立体影像，为1:1万~1:5万的中等比例尺地图制图提供了丰富的数据源。现代的遥感卫星具有非常灵活的机械摆动能力，重访周期一般少于几天，能够提供灾害监测等紧急事件的快速响应能力。

合成孔径雷达卫星采用主动式遥感成像方式，可以全天候工作，采用的微波穿透能力强，几乎不受天气影响，具有很强的地面信息获取能力。通过差分干涉技术，利用合成孔径雷达卫星影像可以全天候、全天时地获取大面积地面精确三维信息。合成孔径雷达卫星是20世纪90年代遥感卫星的主流，有多颗载有合成孔径雷达的卫星发射上空，如欧洲空间局的ERS-1、ERS-2，日本的JERS-1，加拿大的Radarsat-1等。最近几年这些卫星的后续卫星又陆续发射，如Radarsat-2、ALOS、ENVISAT、TerraSar-X、COSMO等。这些卫星的分辨率和成像方式都有不同程度的提高，轨道则与以前卫星相近，可以迅速、大量提供差分干涉数据。中国地面卫星接收站已能接收和分发这些卫星雷达数据。特别是随着欧空局的ENVISAT卫星的上天，国际上又掀起了一股利用InSAR生成DEM、监测地表形变、监测自然灾害和生态变化的研究热潮。我国科技部和欧洲空间局发起了 ENVISAT 遥感合作"龙"计划，这是迄今中欧之间在遥感领域最大规模的科技合作项目。

遥感卫星的另一个发展趋势是进行小卫星编队飞行和组成小卫星观测星座，它们具有高性价比、机动灵活、高时间分辨率、更新方便快捷等特点，是对当前大遥感卫星的一种有效补充，其在军事、减灾、测绘、土地、农业、林业等领域具有越来越明显的应用优越性。我国的"环境与灾害监测预报小卫星星座"就是通过多个光学卫星和 SAR 卫星、多种观测手段协同工作，实现灾害和环境监测预报对时间、空间、光谱分辨率以及全天候、全天时的观测要求。

航空遥感方面，航空数码相机日益成熟，航空数码相机具有体积小、重量轻、高分辨率、高几何精度等优点，而且对天气条件要求不再苛刻，能够在阴天云气下摄影，与模拟航空相机相比，具有独特的优势。航空数码相机的机载 POS 系统的测量精度有显著提高，可以减少利用控制点解算外方位元素的需求，甚至可以直接利用 POS 系统测定的外方位元素进行航空摄影测量影像的定向，航空数码相机与 POS 系统结合逐渐成为主要的航空摄影测量方式。我国已经自主研制出航空数码相机 SWDC，其某些参数指标已经达到或超过国外数码相机的水平。

机载激光扫描技术具有对于大范围、沿岸岛礁海区、不可进入地区、植被下层、地面与非地面数据的快速获取、直接获取三维坐标的优点，将广泛应用于 DEM 测绘、城市三维建模以及带状目标测量（如电力线）等。目前在欧洲某些发达国家，机载激光扫描技术已经成为获取全国 DEM 的主要手段，而在我国机载激光扫描技术的应用还处于起步阶段。

无人飞行器是最近出现的低空遥感平台，无人飞行器的机动性、灵活性使得它不要求专用起降场地，升空准备时间短、操作控制较容易、可使用普通数码相机作为传感器。无人飞行器低空遥感系统运行成本低、影像分辨率高、可多角度成像，特别适合在建筑物密集的城市地区和地形复杂地区及国内南部丘陵、多云地区应用。

平流层遥感系统是基于运行在大气层平流层的飞艇作为遥感平台，具有飞行环境稳定、能见度高、不受政治因素影响的优点。在未来的几十年中，平流层遥感系统将会成为主要遥感平台之一。

1.1.2 遥感科学与技术进展及趋势

新的传感平台的出现和传感技术的进步，使遥感技术呈现以下发展趋势：

1. 高级新型分类算法研究发展迅猛

随着高分辨率遥感数据的不断涌现，分类技术出现了前所未有的进展，一方面体现在分类算法和方法上，各种具有智能化、自动化的高级新算法被提出来，面向对象的分类（针对高空间分辨率数据为主）和亚像元分类（针对高光谱分辨率数据为主）成为新的热点。这些新的算法不再要求样本正态分布，能处理高维特征属性，可以将影像中丰富的几何、光谱、纹理和关系以及其他辅助数据和知识纳入分类器设计之中，分类精度有明显提高。另外，分类的不确定性分析和精度评价也得到重视，尤其针对传统的精度评估手段不适用于高维特征空间和少量训练样本情况的瓶颈展开了大量的研究。不过，面向对象的影像自动分割与效果评价、对象的组织表达、混合像元分解、影像处理与分类算法的不确定性、新型分类精度评价方法仍将是未来高级分类研究的热点与重点。

2. 高光谱信息提取技术得到长足发展

海量数据压缩、存储、显示和处理分析成为该领域的研究重点。从数据处理与分析看，波谱曲线的分析技术中的光谱库建立、光谱匹配方法、波长变量分析、地物光谱重建中的大气影响是研究热点；光谱特征空间分析技术中的波段选择和特征选择仍是光谱降维的主要手段，特征分类未摆脱传统的分类技术，一些新型的基于数据挖掘的分类技术还在探索研究中；混合像元分类研究还集中在端元提取和混合像元建模两大方面。

3. SAR 数据处理技术快速发展

SAR 技术发展至今，出现了很多高空间分辨率、多极化、多频率、多卫星组合的全方位观测的新型传感器系统，合理高效地处理 SAR 数据和提取信息是目前该领域的重点问题。在几何信息提取（尤其是 DEM）方面，干涉测量中的大气影响消除、基线估算、影像配准和相位解缠仍然是国际上的研究热点，通过永久散射体技术，将 GPS、GIS 和影像信息用于辅助处理，以及应用一些能简化计算的经验模型，可以有效地提高从 SAR 数据中提取几何信息的精度和效率。在物理参数提取方面，聚类方法已经从简单聚类发展到基于概率分类，并进一步发展到基于知识的识别过程，处理对象也从像元到同质像斑变化，在充分利用多频率多极化特征的基础上，结合可见光、红外、干涉以及引入各种专业的经验或理论模型成为提高地物分类和识别精度的主要途径，但是效率成为一个有待解决的问题。目前，SAR 数据参数提取的精度和时效性成为影响其广泛业务化应用的障碍。

4. 多源遥感数据融合技术

在多源数据融合方面，不同尺度遥感影像间的自动配准仍然主要基于点和线特征，在点匹配方面目前主要是寻找最优化搜索策略，而线特征配准是当前的研究热点，得到广泛的研究。在融合方法方面，除了传统算法得以改进外，各种新的融合方法（小波、多尺度变换、多尺度分析、智能技术）如雨后春笋般出现，它们能够在一定程度上保持丰富的光谱信息并突出空间特征和提高计算效率。但是融合技术并未形成相应的理论框架和体系，缺乏统一的融合模型和客观评价手段，这些仍然是未来有待研究的重要研究方向。

5. 遥感可反演参数的类型和精度有所增多和提高

在参数反演方面，将多种改进的反射率模型和大气辐射传输模型进行耦合，通过引进一些先验知识，改进参数反演策略，可反演参数的类型（涉及陆地、海洋、大气、生物和社会经济等领域）和反演的精度有所增多和提高。

1.2 遥感应用现状

随着国民经济的发展，遥感技术应用领域越来越广，涉及人口、资源、环境、社会、减灾和文化等领域的方方面面，与其他学科的联系愈来愈紧密。遥感技术应用的深度也达到更高的层次。过去 30 余年来卫星遥感应用的开展，在国内形成了覆盖全国的多学科的遥感监测应用网络体系，开展了大量有关农业、土地、灾害、林业、生态环境、公共卫生、工程地质环境等方面的遥感调查、监测与评估分析等，建立了一些分散的、分领域的遥感监测系统，为国家提供了大量的、多方面的科学信息支持。

1.2.1 遥感技术在基础测绘中的应用

国家测绘局在"九五"、"十五"期间，通过组织科研人员进行科技攻关，解决了从模拟测绘向数据测绘转变的关键技术，这些科研成果在数字摄影测量、遥感图像处理与应用、数据库建库以及数字测绘产品体系等方面得到了成功的应用。前期取得的技术成果和技术基础主要有以下几个大的方面：

（1）实现了数字摄影测量系统的产品化。武汉大学开发的VirtuoZo全数字摄影测量系统和中国测绘科学研究院开发的JX-4数字摄影测量系统，使我国的数字摄影测量系统走在了世界的前列，也成功得到了产业化运用，是我国从模拟测绘向数字测绘转变的关键，这两套系统已经广泛应用到了各个行业的测绘部门和承担测绘任务的公司。

（2）实现了遥感数据的规模化生产。"十五"期间，国家测绘局开始建设全国范围的1∶25万、1∶5万国家基础地理信息数据库。在测绘卫星应用领域，国家测绘局从1999年开始大面积利用法国SPOT卫星数据制作1∶5万正射影像图及修测相应的地形图，利用美国Landsat卫星的TM数据更新1∶25万数据库，为缩短地图的更新周期提供了有效的方法。

（3）逐步建立了数据化测绘产品系列。国家测绘局在从模拟测绘向数字测绘体系的转变过程中，逐步形成了以"4D"产品（DLG、DOM、DRG、DEM）为基础数字测绘系列产品。近几年在"4D"产品的基础上，根据用户的需要，对数字产品的类型不断充实，不断开拓创新。目前逐步形成了满足各类特定用户需要的各种专题数字数据产品，如土地利用/土地覆盖数据、道路交通数据、移动通信专题数据、电子导航专题数据、城市框架影像数据、三维仿真数据等，使测绘产品能够满足社会多样化需求。

（4）初步完成了标准体系的建设。标准体系是指导数据生产的主要依据。在加强数据生产的同时，国家测绘局也加快了标准体系的研究和建设，以适应当前数字测绘体系的需要。目前，各类数据产品的标准都已出台，已基本成系列，有的标准还在实践过程中得到了修订和完善。

（5）积累了数据库建库的技术经验，建成了全国1∶100万、1∶25万、1∶5万数据库。遥感影像数据量大，数据增长的速度快，一般都是真正意义上的海量数据库，因此需要建立高效快捷的数据库管理系统来满足数据管理、数据检索查询以及数据分发服务的需求。国家测绘局在"十五"期间建立全国1∶100万、1∶25万、1∶5万等数据库的过程中，在数据的组织管理、数据库体系结构的建立、网络资源的优化配置、实时在线可视检索查询的实现、数据的高效分发等方面积累了丰富的经验。

1.2.2 遥感技术在资源调查与监测中的应用

从20世纪80年代初期开始，我国已经利用资源卫星数据进行了多次全国范围的土地资源调查、土地利用监测等工作。1980—1983年，我国首次利用美国Landsat卫星数据进行了全国范围15个地类的土地利用现状调查，并按1∶50万比例尺成图，宏观地反映了我国土地资源的基本状况，填补了我国土地资源状况不清楚的空白。进入20世纪90年代以来，国民经济的发展和人口的增长给国家资源环境的开发利用与保护提出了新的要求，我国先后完成多项利用遥感数据进行资源调查与检查的项目。

1993—1996年期间，全国农业资源区划办公室组织有关技术单位，利用美国Landsat卫星图像连续四年开展了全国耕地变化遥感监测工作，其结果引起了中央有关部门的高度重视，为合理利用土地、保护农业耕地提供了辅助决策依据。在科技部的重点项目"遥感、地理信息系统、全球定位系统技术综合应用研究"中，利用遥感和GIS技术，首次建立了全国1:10万比例尺土地利用数据库。在新一轮的国土资源大调查中，从1999年开始，国土资源部在全国相继开展了人口50万以上城市的土地利用动态遥感监测。采用SPOT、Landsat等卫星数据，成功监测了全国60多个大中城市在近两三年间土地利用的变化情况。我国正在进行的新一轮的国土资源大调查，全面推进利用高分辨率的卫星资料开展土地利用动态遥感监测的工作，2004年已经采用QuickBird、IKONOS和SPOT-5等高分辨率卫星数据，对国家级开发区进行了监测。该项工程对高分辨率数据的需求巨大，用于购置优于10m的高分辨率数据的预算将达19亿元。

1997—1998年，全国农业资源区划办公室组织有关单位，利用美国陆地卫星TM图像，监测了近十年（1986—1996年）北方四省区（黑龙江、内蒙古、甘肃和新疆）的土地开发利用状况，并结合有关资料进行了综合评价。其结果得到了中央领导的重视，为严格禁止毁林开荒、毁草种粮提供了政策依据。我国还利用中低分辨率卫星影像数据为主要信息源，对影响生态环境质量的相关要素进行定性、定量分析，客观地对我国西部生态环境质量进行综合评价与描述。

1996年第一次全国土地调查完成以来，经济社会快速发展，城乡面貌发生了很大变化，原有的土地信息已难以满足新形势下节约、集约用地的需要。国土资源部计划在2006—2010年开展全国范围的第二次土地调查。第二次土地调查要求在短时间内查清当前我国的土地利用情况，建设全国的各级土地调查数据库和互联互通的土地调查数据库管理系统。传统的技术成本高，耗费时间长，土地利用数据很难达到现势性的要求。因此，第二次土地调查将主要采用以遥感技术为代表的"3S"技术作为主要调查手段。遥感影像具有真实性强、信息量大、视野广阔、面积大、概括性强、易于了解概貌的特点，可以直接应用于土地利用变化研究。而且遥感技术现势性强，可在短时间内提供重复数据，利用两个时点的遥感图像，能够直观地发现土地利用的变化状况，从而便捷地获取土地变化的地类、位置和面积等信息。利用遥感技术，可以对土地利用现状进行大范围的核查和更新，能够快速及时地知道土地利用状况变化等信息，能够对年度土地利用变更调查数据进行更新、管理、分析。在《第二次土地资源调查总体方案》中，明确规定多平台、多波段、多时相的航空、航天遥感影像为主要信息源。在二次土地调查正式开始之前，国务院第二次全国土地调查领导小组办公室已组织调查组，开展"第二次全国土地调查可用遥感数据源"的调查与评估工作。目前在实际的调查工作中所用的遥感影像主要有SPOT-5影像、IKONOS影像、QuickBird影像等。

遥感技术应用于水资源调查始于20世纪80年代。在地表水遥感调查方面，早期主要是采用可见光/近红外遥感对地表水体（河流、湖泊、水库等）进行监测。近10年来又大量应用SAR图像，主动微波遥感对地面有一定的穿透能力，可以发现地下古河网的踪迹，寻找地下潜水层，在地下水遥感估算方面取得不少成果。此外，融雪是我国西部地区水资源的重要组成部分，目前遥感是冰川、融雪水资源调查最为有效的手段。而在我国的流域水资源利用规划以及重大配水工程的设计与实施中，也将大量使用高分辨率遥感数据。

利用合成孔径雷达卫星（SAR）遥感技术检测海洋油藏烃类渗漏形成的油膜已被世界各国广泛采用，而在我国，这方面的技术还是空白，发展前景巨大。

1.2.3 遥感技术在生态环境监测中的应用

生态环境监测与评估是对地观测数据应用的一个重要领域，我国在这方面已经做了大量的研究、示范和应用工作，主要体现在以下几个方面：

（1）应用卫星遥感技术进行森林资源调查。从"六五"开始，森林资源的一类、二类清查和"三北防护林建设"等林业生态工程监测都开始运用卫星影像数据。目前，各种分辨率的卫星遥感影像已成为森林调查的主要数据源。

（2）湿地资源动态变化监测。ETM+、TM等数据已广泛用于湿地资源监测，遥感结合地面调查，建立了我国湿地资源空间数据库。以我国东北、青藏高原、长江和黄河沿岸的主要河湖湿地为研究区，建立了若干个湿地分类和湿地生态系统植被反演的遥感模型。

（3）海岸带和近海生态监测。我国海岸带生态安全问题日益突出，由于资源的不合理利用而导致海岸带各类资源的严重退化，急剧增长的人口和经济压力亦对海岸带生态造成巨大压力。为此，遥感已成为海岸带动态监测与评价的重要手段。

（4）水土流失和荒漠化遥感监测与评价。运用遥感技术结合地面调查的方法，我国已成功进行了三次全国性的荒漠化与土地沙化监测，获得了准确的荒漠化动态数据，为荒漠化和土地沙化防治科学决策提供了依据。

（5）基于遥感的重大工程生态效应评价。遥感技术已成功运用于"三北"防护林工程的监测与评价。在近几年实施的"京津风沙源治理工程"、"退耕还林（草）工程"、"天然林保护工程"和"自然保护区建设工程"等重大生态工程的规划和实施过程中，对地观测数据作为基础数据源发挥了至关重要的作用。

1.2.4 遥感技术在灾害监测与管理中的应用

"九五"、"十五"期间，我国已建立了重大自然灾害遥感监测评估运行系统。该系统由卫星遥感、航空遥感、图像处理与分析及灾害监测评估四个子系统组成，已经形成了对台风、暴雨、洪涝、旱灾、森林与草原火灾、雪灾、冰凌、赤潮、地震、沙尘暴以及典型区的虫害、滑坡、泥石流等灾害的监测能力，特别是快速图像处理和评估系统的建立，已经具有对突发性灾害的快速应急反应能力，使该系统能在几个小时内获取灾情数据，一天内做出灾情的快速评估，一周内完成详细评估报告。该系统已先后投入运行，对上述灾害进行及时准确的监测，并将结果通过已经建立的卫星通讯及网络系统提供给国务院办公厅、国家防汛抗旱总指挥部、国家林火防火总指挥部、国家有关部委及地方政府，为各级政府防灾、抗灾、减灾、救灾服务。

1.2.5 遥感技术在农业中的应用

在农业应用方面，我国在农作物遥感估产方面取得了长足的进步，从冬小麦单一作物估产发展到小麦、水稻和玉米等多种农作物遥感估产，从小区域到横跨11省市的遥感估产，积累了大量的技术、方法、经验和人才。我国已建立的"中国农情遥感速报系统"，能够实现全国范围的农作物长势监测，并逐步开展覆盖全国的小麦、玉米、稻谷、大豆估产和粮食总产量估算，为国家有关部委的决策提供了科学的依据。目前"中国农情遥感速报系统"的监测范围逐步推向全球尺度，实现了全球主要小麦和大豆出口国的粮食估产，先后开展了北美、南美、澳洲和泰国等地区的作物长势动态监测和粮食总产预测，为国家的宏观决策提供了重要的信息支撑。在全国许多省区，与农业部遥感估产任务相结合，也先后建立了省级遥感估产业务运行系统，如山西、安徽、吉林、河南、江苏、四川、北京等省市。

另外，在我国的农业重大工程中，遥感影像得到广泛应用。如"优质粮食工程"中需要对冬小麦、玉米、水稻、大豆、棉花等五种主要农作物的面积、长势及产量进行连年监测，如果按目前 SPOT 数据的覆盖面积，每年对优于 10m 的高分辨率数据有 10 000~20 000 景的需求。"沃土工程"中要求对土地质量的监测和评价，以及国外重要粮食产区的作物种类识别和作物品质评价等，对空间分辨率的要求不高，但对数据的光谱分辨率要求高，光谱分辨率应达 5~10nm，将对高光谱遥感数据形成强烈的需求。

1.2.6 遥感技术在数字城市建设中的应用

我国的城市遥感开始于 20 世纪 80 年代，先后在北京、天津、广州、上海等地开展了城市航空遥感综合调查，推动了城市的生态建设。天津基于彩红外航片，编制了天津市植被图，并结合其他手段，研究大气污染的生物效应。广州应用彩红外航片绘制了广州市植被图。北京则用真彩色航片绘制了北京规划市区 750km² 的城市树木绿地分布图，并在此基础上，研究了城市植被的环境效益。2005 年，北京通州地区利用 QuickBird 数据开展了城市生态环境监测与人类居住环境质量评价研究，定量分析评价了城市绿地在改善城市大气质量、去除大气有害物质（CO_2、SO_2、NO 等）、滞尘制氧、二氧化碳吸收、水源涵养、减少瞬时径流量、减轻暴雨积水、水土保持、改善温室效应等方面的功效，为决策部门制定通州新区的城市规划提供了科学依据。

1.3 实 验 安 排

针对测绘工程以及相关专业遥感课程教学需求，本书安排了 9 个实验，即遥感图像认知、波段组合与图像显示、图像增强、遥感图像融合、遥感图像几何校正、图像镶嵌、遥感图像解译、遥感图像分类、遥感专题图制作，每个实验安排 4~6 课时。

第2章 遥感图像处理系统

2.1 遥感图像数据处理流程

遥感图像数据的处理流程如图 2.1 所示，包括预处理、图像增强、正射影像图制作、图像分类、专题地图制作等主要步骤。

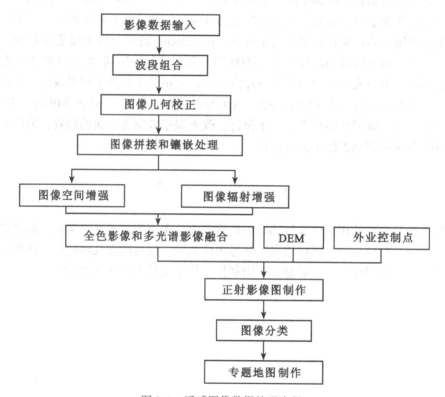

图 2.1 遥感图像数据处理流程

1. 预处理

遥感图像数据的预处理通常包括：影像数据输入、波段组合、图像几何校正、图像拼接和镶嵌处理等。

2. 图像增强

遥感图像增强的实质是增强感兴趣目标和周围背景图像间的反差。图像增强分为空间增强和辐射增强两大类，其中图像空间增强技术是利用像元自身及其周围像元的灰度值进行运算，达到增强整幅图像的目的。ERDAS 中常用的空间增强命令有：卷积增强运算、纹理分析、自适应滤波、统计滤波等；辐射增强命令有：直方图匹配、直方图均衡化、亮度反转等。

3. 图像融合

图像融合是指将多源遥感图像按照一定的算法，在规定的地理坐标系，生成新图像的过程，通过图像融合既可以提高多光谱图像空间分辨率，又保留了其多光谱特性。

4. 正射影像图制作

5. 图像分类

遥感图像的计算机分类，就是利用计算机对地球表面及其环境在遥感图像上的信息进行属性的识别和分类，从而达到识别图像信息所对应的实际地物，提取所需地物信息的目的。常见的分类法有监督分类和非监督分类两种。

6. 专题地图制作

通过对遥感影像的计算机分类，并结合外业调查进行地物类别的核实，对土地利用数据库进行更新，制作土地利用现状图、土地利用动态监测图等。

2.2 遥感图像数据处理系统组成

一个完整的遥感图像数据处理系统应包括硬件和软件两大部分。硬件是指进行遥感图像数据处理所必须具备的硬器件设备，主体是计算机，并配有必要的输入、储存、显示、输出和操作等终端及外围设备。软件是指进行遥感图像数据处理时所编制的各种程序。

2.2.1 遥感图像数据处理的硬件系统

图 2.2 显示了遥感图像数据处理硬件系统的主要部件，它主要由四部分组成：数字图像采集模块、大容量存储器、显示器和输出设备及操作台（汤国安等，2004）。

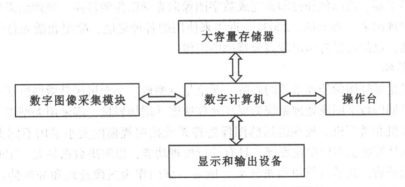

图 2.2 遥感图像数据处理硬件系统的主要部件

1. 数字图像采集模块

为采集遥感数字图像，所用设备由两类部件组成：一种是对某一电磁波谱段（如 X 射线、紫外线、可见光、红外光）敏感的物理器件，即传感器，它以光电二极管等作为探测元件，将地物的反射或辐射能量，经光电转换，把光的辐射能量差转换为模拟的电压差或电位差（模拟电信号）；另一种是数字化器，它能将上述（模拟）电信号转化为数值（亮度值）的形式，输入计算机中。目前数字化器有电荷耦合器件照相机（数码相机）、带有显像管的视频摄像机（数码摄像机）和扫描仪等。

2. 大容量存储器

遥感图像的数据量往往很大，因而需要大量的空间存储图像。在遥感图像数据处理和分析系统中，大容量和快速的图像存储器是必不可少的。在计算机中，图像数据最小的度量单位是比特（bit）。存储器的存储量常用字节（1byte = 8bit）、千字节（kbyte）、兆（10^6）字节（Mbyte）、吉（10^9）字节（Gbyte）、太（10^{12}）字节（Tbyte）等表示。例如存储一幅1024×1024的8bit图像就需要1Mbyte的存储器。

计算机是遥感图像数据处理系统的核心设备，计算机内存就是一种提供快速存储功能的存储器。另外一种提供快速存储功能的存储器是特制的硬件卡，即帧缓存，它可存储多幅图像并以视频速度读取，也可以对图像进行放大缩小、垂直翻转和水平翻转（贾永红，2003）。

比较通用的在线存储器是磁盘、光盘、磁光盘、移动硬盘、磁带库、磁盘阵列、光盘塔。其中磁带库更多的是用于系统中海量数据的定期备份，而磁盘阵列则主要用于系统中的海量数据的即时存取，光盘塔或光盘库主要用于系统中的海量数据的访问。

3. 显示和输出设备

在遥感图像数据处理过程中，需要将原始的、正在进行中的和处理结果的数字图像转换为光学模拟图像显示出来，以便利用视觉去感受、检查、分析图像处理效果，发现处理中存在的问题。因此，图像显示是数字图像处理的重要内容之一。图像的显示主要有两种：一种是将图像通过CRT显示器、液晶显示器或投影仪等设备暂时性显示的软拷贝形式；一种是通过照相机、激光拷贝和打印机等将图像输出到物理介质上的永久性硬拷贝形式。

遥感图像数据处理系统常用的输出设备有磁带机、磁盘机（包括光盘）、彩色显示器、绘图仪和打印机等。磁带机、磁盘机将处理结果以数字形式存储在磁带、磁盘或光盘上。彩色显示器、绘图仪和打印机完成数字图像向光学图像的转换，处理结果以光学图像形式直观表现出来（孙家抦，2003）。近年来使用的各种热敏、喷墨和激光打印机等具有更好的性能，已经可以打印出较高分辨率的图像。

4. 计算机

计算机是遥感图像处理系统的心脏。无论是巨型机、小型机还是微型机都可以用于图像处理。早期的数字图像处理系统为提高处理速度并增加容量，都采用大型机。后来较普遍采用小型机和微型机。现在的遥感图像处理系统按照规模的大小采用不同类型的计算机。一方面计算机朝着巨型化发展，具有并行处理功能，以解决数据量大、实时性与处理能力之间的矛盾，此类计算机也被气象、地质等部门作为图像处理和分析使用；另一方面，体积越来越小、功能越来越强的微型计算机和工作站也得到了迅猛发展（孙家抦，2003）。基于微型计算机或工作站的遥感图像处理系统也越来越普遍，其优点是系统成本低、设备紧凑、灵活、实用且便于推广。

5. 操作台

操作台是指安置数字化器、计算机、输出设备及开展图像处理时所需的辅助设备。良好的图像处理环境，无疑对保证图像处理的质量会起到促进作用。

近年来随着各种网络的发展，图像处理的通信传输得到了极大的关注。遥感数字图像可通过网络进行传输，使图像数据资源共享，推动遥感数字图像在各个领域的广泛应用。

2.2.2 遥感图像数据处理的软件系统

遥感图像数据处理软件系统是由许多图像处理控制程序、管理程序和图像处理算法程序组成的。遥感图像数据处理软件应具备功能齐全、适用性强、灵活方便的特点，应具有人机对话功能，要面向生产、科研，解决实际问题。因此，遥感图像数据处理软件应包含下述功能。

1. 图像文件管理

包括多种格式的遥感图像或多种传感器的遥感图像数据的输入、输出、存储、波段组合以及图形图像文件管理等功能。

2. 图像操作工具

（1）图像显示和漫游、图像信息查询，包括查询图像的大小、量化级、投影方式等。还可以对影像进行读点操作，即可用鼠标对显示图像进行坐标及灰度读取，当图像地理编码后，可显示图像上任意位置的地理坐标。

（2）感兴趣区域（AOI）的定义，提供方便灵活的 AOI 编辑功能，可交互式或指定域值进行 AOI 生成，并利用 AOI 进行各种处理及分析。

（3）掩膜，用户可以方便地定义掩膜，并利用掩膜来达到特殊处理效果。

（4）统计，可以完成图像直方图统计、方差及均值统计、二阶灰度统计、回归预测、面积统计、长度统计及体积计算等。

（5）波段运算，支持复杂的波段运算功能，如波段的算术、逻辑、布尔、三角、积分、微分、矩阵分析等运算。

3. 基本图像处理功能

（1）图像重采样（包括空间及波谱重采样）、图像旋转、分幅裁剪及镜像处理、图像数据格式之间的转换、图像通道的创建、管理、演算合成等。

（2）影像增强。如直方图均衡、直方图匹配、分段线性拉伸、对数变换、指数变换、亮度反转处理、基于小波的影像增强等。

（3）图像滤波。空间域滤波，如锐化、平滑等；频率域滤波，带通滤波、高斯滤波和低通滤波等。

（4）纹理分析和目标检测。如纹理能量提取、基于边缘信息的纹理特征提取、线性算子检测、霍夫曼变换等。

（5）图像数据压缩。如 JPEG 压缩、预测编码压缩、行程编码压缩、基于小波的图像数据压缩等。

4. 遥感图像处理功能

（1）多种地图投影（通用横墨卡托投影、墨卡托投影、等纬度经度投影、兰勃特等角圆锥投影、地级立体投影等）之间的转换。

（2）高光谱工具，包括高光谱图像的归一化处理、对数残差和光谱均值的计算、光谱剖面及空间剖面分析等。

（3）图像变换，包括傅里叶变换、傅里叶逆变换、主分量变换、穗帽变换、阿达玛变换等。

（4）图像分类，如非监督分类（如 ISODATA 聚类、K-Mean 聚类等）、监督分类（如最小距离分类器、最大似然分类器、波谱角分类器、基于混合像元的分类器等）、分类后处理（类别合并、类别统计、面积统计、功能区分析等）。

（5）图像辐射校正和几何校正。其中，辐射校正包括太阳高度角照度变化校正、大气校正、传感器成像误差校正等；几何校正包括粗纠正和针对各种传感器的精纠正、图像匹配、图像镶嵌等。

（6）SAR图像分析及处理。

（7）遥感专题图的制作，如制作正射影像图、三维景观图、土地利用分类图、植被分布图、水土保持状况图等。

5. 与GIS系统的接口

包括GIS数据的输入及输出、栅-矢转换、GIS图形层数据与影像的叠加等。

2.3 国内外遥感图像处理软件

2.3.1 ERDAS IMAGINE

ERDAS IMAGINE是美国ERDAS公司开发的专业遥感图像处理与地理信息系统软件，它以先进的图像处理技术，友好、灵活的用户界面和操作方式，面向广阔应用领域的产品模块，服务于不同层次用户的模型开发工具以及高度的RS/GIS（遥感图像处理和地理信息系统）集成功能，为遥感及相关应用领域的用户提供了内容丰富而功能强大的图像处理工具，代表了遥感图像处理系统未来的发展趋势（党安荣等，2003）。

ERDAS IMAGINE面向不同需求的用户，对于系统的扩展功能采用开放的体系结构，以IMAGINE Essentials、IMAGINE Advantage、IMAGINE Professional的形式为用户提供了低、中、高三档产品架构。

（1）IMAGINE Essentials级。是一个花费极少的、包括有制图和可视化核心功能的影像工具软件。可以完成二维/三维显示、数据输入、排序与管理、地图配准、制图输出以及简单的分析。可以集成使用多种数据类型，并在保持相同的易于使用和易于剪裁的界面下升级到其他的ERDAS公司产品（党安荣等，2003）。可扩充模块包括：

① Vector模块——可以建立、显示、编辑和查询ArcInfor数据结构Coverage，完成拓扑关系的建立和修改，实现矢量图形和栅格图像的双向转换等。

② Virtual GIS——真实三维景观重现和GIS分析。

③ Developer's Toolkit模块——ERDAS IMAGINE的C程序接口、ERDAS的函数库，以及程序设计指南。

（2）IMAGINE Advantage级。是建立在IMAGINE Essentials级基础之上的、增加了更丰富的栅格图像GIS和单片航片正射校正等强大功能的软件。为用户提供了灵活可靠的用于栅格分析、正射校正、地形编辑及先进的影像镶嵌工具。可扩充的模块包括：

① Radar模块——雷达影像的基本处理，包括亮度调整、斑点噪声消除、纹理分析、边缘提取等功能。

② OrthoMAX模块——依据立体像对进行正射纠正、自动DEM提取、立体地形显示及浮动光标方式的DEM交互编辑等。

③ OrthoBase模块——区域数字影像正射纠正。

④ OrthoRadar模块——可对RadarSat、ERS雷达影像进行正射纠正等处理。

⑤ StereoSAR DEM——用类似立体测量的方法从雷达图像数据中提取 DEM。

⑥ IFSAR DEM——用干涉原理从雷达图像数据中提取 DEM。

⑦ ATCOR2 模块——对相对平坦地区图像进行大气校正和雾曦消除。

⑧ ATCOR3 模块——对山区图像进行大气纠正雾曦消除,可以消除地形的影响。

（3）IMAGINE Professional 级。除了 Essentials 和 Advantage 中包含的功能以外，IMAGINE Professional 还提供轻松易用的空间建模工具（使用简单的图形化界面）、高级的参数/非参数分类器、分类优化和精度评定，以及高光谱、雷达分析工具。它是最完整的制图和显示、信息提取、正射校正、复杂空间建模和尖端的图像处理系统（党安荣等，2003）。除了 Essentials 和 Advantage 级扩充模块外，可扩充模块包括：

Subpixel Classifier——子像元分类器利用先进的算法对多光谱影像进行信息提取，可达到提取混合像元中占 20% 以上物质的目标。

（4）IMAGINE 动态连接库（DLL）。它支持目标共享技术和面向目标的设计开发，提供一种无需对系统进行重新编译和连接而向系统加入新功能的手段，并允许在特定的项目中裁剪这些扩充的功能。在 ERDAS IMAGINE 中直接提供了下列 DLL 库：

① 图像格式 DLL——提供对多种图像格式文件无需转换的直接访问，支持的图像格式包括：IMAGINE、GRID、LAN/GIS、TIFF（GeoTIFF）、GIF、JFIF（JPEG）、FIT、BMP 和原始二进制格式等。

② 地形模型 DLL——提供新类型的校正和定标（Calibration），从而支持基于传感器平台的校正模型和用户剪裁的模型。这部分模型包括：Affine、Polynomial、Rubber Sheeting、TM、SPOT、IKONOS、QuickBird、Single Frame Camera 等。

③ 字体 DLL 库——提供字体的裁剪和直接访问，从而支持专业制图应用、非拉丁语系国家字符集和商业公司开发的成千种字体。IMAGINE 8.3 中支持 OTL（IMAGINE 8.1，8.2）、TrueType、Postscript 字体。

2.3.2 ENVI

ENVI（The Environment for Visualizing Images）软件是美国 RSI 公司推出的由专业遥感科学家基于交互式数据语言 IDL 开发的一套功能齐全的遥感图像处理系统，是处理、分析并显示多光谱数据、高光谱数据和雷达数据的高级工具。ENVI 包含齐全的遥感影像处理功能：常规处理、几何校正、定标、多光谱分析、高光谱分析、雷达分析、地形地貌分析、矢量应用、神经网络分析、区域分析、GPS 连接、正射影像图生成、三维图像生成、丰富的可供二次开发调用的函数库、制图、数据输入/输出等功能组成了图像处理软件中非常全面的系统。

ENVI 软件是现有的交互性最为良好、功能强大、使用方便的图像处理软件包，可以高效地利用和分析各种类型的遥感数据。可扩展的图形用户界面使用户很容易对各种图像进行分析。可以引入光谱库，利用 ENVI 的高级高光谱工具集进行子像元分析以提取更多的信息。利用与 ENVI 相结合的雷达工具通过选择极化、分析散射模式、提取纹理信息来更好地识别目标。

ENVI 软件的主要特征和功能包括以下几个方面：

（1）ENVI 对要处理的图像波段数没有限制，可以处理最先进的卫星格式，如 Landsat7、SPOT、RADARSAT、NASA、NOAA、EROS 和 TERRA、IKONOS、QuickBird，并准

备接收未来所有传感器的信息。

（2）ENVI 支持各种操作系统，包括 Windows95/98/NT/2000/XP、Linux、Macintosh 机 OpenVMS。ENVI 的图形用户界面直观方便，用户还可以借助 ENVI 的底层开发语言 IDL 定制 GUI，以满足自己特定的图像处理需求。

（3）ENVI 包含所有基本的遥感影像处理功能，如：校正、定标、波段运算、分类对比增强、滤波、变换、边缘检测及制图输出功能，从 3.2 版本起还可以加注汉字。ENVI 具有对遥感影像进行配准和正射校正的功能，可以给影像添加地图投影，并与各种 GIS 数据套合。ENVI 的矢量工具可以进行屏幕数字化、栅格和矢量叠合，建立新的矢量层、编辑点、线、多边形数据，缓冲区分析，创建并编辑属性并进行相关矢量层的属性查询。

（4）ENVI 拥有世界上最先进的高光谱和多光谱分析工具。用户可以识别出图像中纯度最高的像元，通过与已知波谱库的比较确定未知波谱的组分。用户不但可以使用 ENVI 自带的波谱库，也可以自定义波谱库，甚至可以组合使用线性波谱分离和匹配滤波技术进行亚像元分解，以消除匹配误差获得更精确的结果。

（5）用 ENVI 完整的集成式雷达分析工具可以快速处理雷达 SAR 数据，提取 CEOS 信息并浏览 RADARSAT 和 ERS-1 数据。用天线阵列校正、斜距校正、自适应滤波等功能提高数据的利用率。纹理分析功能还可以分段分析 SAR 数据。ENVI 可以处理极化雷达数据，用户可以从 SIR-C 和 AIRSAR 压缩数据中选择极化和工作频率，用户还可以浏览和比较感兴趣区的极化信号，并创建幅度图像和相位图像。

2.3.3 PCI

PCI 软件是加拿大 PCI 公司开发的用于图像处理、GIS、雷达数据分析以及资源和环境管理的软件系统。PCI 拥有比较全面的功能模块：常规处理模块，几何校正、大气校正，多光谱分析，高光谱分析，摄影测量，雷达成像系统，雷达分析，极化雷达分析，干涉雷达分析，地形地貌分析，矢量应用，神经网络生成，区域分析，GIS 连接，正射影像图生成及 DEM 提取（航片，光学卫星，雷达卫星），三维图像生成等。

PCI GEOMATICA 是 PCI 公司将其旗下的四个主要产品系列，也就是 PCI EASI/PACE、PCI SPANS/PAMAPS、ACE、ORTHOENGINE，集成到一个具有同一界面、同一使用规则、同一代码库、同一开发环境的一个新产品系列，该产品系列被称为 PCI GEOMATICA。与以往的产品相比，PCI GEOMATICA V9.1 新增功能可概述为：

（1）增强了 GIS 功能，使用强大的分析和建模工具处理 GIS 数据，包括矢量和栅格数据一体化、屏幕数字化和拓扑关系的建立、拓扑分析和多层分析、先进的查询分析建模工具、适应性制图及出图功能、评估决策支持功能等。

（2）增加了新的高光谱处理工具：如影像元数据支持、高光谱数据地理矫正、影像噪声去除、简洁的大气校正功能、纯像元提取、光谱角匹配制图和分类、光谱分解、散点图和光谱曲打印、光谱混合、光谱库支持等。

（3）增加了新的数据融合、锐化工具。

（4）增强了大气校正功能：利用最新的 ATCOR 对卫星影像操作辐射校正。

（5）Orthoengine 新的功能：卫星影像区域光束平差模型可减少地面控制点使用；可同时提取多个立体像对的 DEM；影像批处理；同时处理提取多个文件；无缝拼接。

与目前市场上众多的遥感软件相比，PCI GEOMATICA 软件具有以下技术优势：

（1）针对常规光学遥感数据，如航片、TM、SPOT、IRS 等卫星数据，使用经典的图像处理技术；针对特殊的光学遥感数据，PCI 开发了美国气象卫星 AVHRR 和高光谱数据的专门处理模块；针对常规 SAR 数据，即单波段、单极化到多波段、多极化的 SAR 数据，PCI 开发了 Radarsoft 产品；而对于新概念 SAR 数据，即全极化和干涉 SAR 数据，PCI 软件有专门的处理模块。

（2）GeoGateWay 技术与库文件管理方式。GeoGateWay 技术对 100 多类图像和矢量数据格式，包括工业标准格式、专门遥感数据记录格式、重要机构专用数据格式以及其他主要的图像处理和 GIS 软件的数据格式等，无需用户给出格式类型、可自动识别、直接读写，从而使用户摆脱了繁琐的数据格式理解和转换工作。

（3）雷达数据处理。PCI 的 APP 模块提供了针对海洋应用、点目标检测（军事应用）和特殊构象情况（如大视角的远距离成像）的精细成像处理算法；不仅解决了 SAR 图像几何校正这一难题，还提供了丰富的滤波、纹理分析、辐射校正与定标、变化检测和图像质量评价工具；此外，PCI 软件可以对 Radarsat 的立体像对提取 DEM，推出了完善的全极化数据和干涉 SAR 数据处理软件模块，这是目前这一领域唯一的一个实用化的软件。

（4）全系列数字摄影测量。

（5）独特的 GIS 功能。PCI Geomatica 对栅格、矢量和属性数据的一体化管理，完善的 Overlay、Buffer、Voronoi 和网络分析功能，最强的离散点数据分析功能，另外还有 TIN 和地形分析功能等。

（6）PCI Geomatica 具有完善的专业制图功能，其特点有：完全的"所见即所得"环境，栅格与矢量一体化，图像可以是黑白、真彩色和伪彩色图像，矢量数据分层调用，每类要素的表示方法存储在 RST（表示码设置表）中统一管理。

（7）最新的算法与技术的采用。PCI 软件中可代表最新技术进展的模块或程序有以下几个：神经网络分类模块中的小波变换、模糊逻辑分类器、基于频率的上下文分类器、多层感知器神经网络分类器等，这都是近几年图像处理领域的热门研究题目。

（8）可视化二次开发环境。PCI 的二次开发语言是 EASI 语言，EASI 开发环境的最新进展是除了可以调用 EASI/PACE 中的全部应用程序外，还可以调用 SPANS 的全部功能并进行其他扩展。PCI 还提供底层的函数库与类库，支持 C 与 C+、VC 的开发。

2.3.4　eCognition

eCognition 是德国 Definiens Imaging 公司的遥感影像分析软件，它是人类大脑认知原理与计算机超级处理能力有机结合的产物，即计算机自动分类的速度加上人工判读解译的精度，更智能、更精确、更高效地将对地观测遥感影像数据转化为空间地理信息。

eCognition 突破了传统影像分类方法中仅利用影像光谱信息进行分类的局限性，提出了革命性的分类技术——面向对象分类。eCognition 分类针对的是对象而不是传统意义上的像素，充分利用了对象信息（色调、形状、纹理、层次）和类间信息（与邻近对象、子对象以及父对象的相关特征）。

eCognition 软件具有以下特点：

（1）采用面向对象的分类方法，模拟人类大脑认知过程。

（2）可以分析纹理和低对比度数据，可用来融合不同分辨率的对地观测影像数据和 GIS 数据，如 Landsat、SPOT、IRS、QuickBird、SAR、航空影像、LIDAR 等，不同类型的影像数据和矢量数据同时参与分类。

（3）提供了多尺度影像分割工具。可用来将任何类型的全色或多光谱数据以选定尺度分割为均质影像对象，形成影像对象层次网络。在对象层次机构中，每一个对象都有其上下文、邻居、子对象和父对象，由此来定义对象之间的关系，影像对象的属性和对象之间的关系可用于进一步的分类。

（4）提供了基于样本的监督分类工具，影像对象是通过点击训练样本来定义的，故被称为"一点就分（Click and Classify）"。

（5）提供了基于知识的分类工具，用户运用继承机制、模糊逻辑概念和方法，以及语义结构，可以建立用于分类的知识库。

（6）分类的精度较传统的分类软件提供的分类方法有了很大的提高，并且分类的结果可以消除由于光谱细小的差异或混合像元造成的细小的碎斑。

eCognition 基于 Windows 操作系统，界面友好简单。与其他遥感、地理信息软件互操作性强，广泛应用于自然资源和环境调查、农业、林业、土地利用、国防、管线管理、电信城市规划、制图、自然灾害监测、海岸带和海洋制图、地矿等方面。

2.3.5 ER Mapper

ER Mapper（Earth Resource Mapping）是由澳大利亚 EARTH RESOURCE MAPPING 公司开发的大型遥感图像处理系统，经过十几年的发展已经成为国际通用的遥感软件之一。ER Mapper 在开发起点和设计思想等方面完全区别于早期的传统图像处理系统，它不仅提供了各种遥感影像处理功能，还配有软件压缩开发工具包（ECW、JPEG 2000、SDK）和海量影像网上发布系统（Image Web Serve，简称 IWS）。从影像处理到网络发布，为用户提供了全方位的遥感影像应用解决方案。

ER Mapper 软件除了具有空间滤波、影像增强和分析、波段间运算、图像信息查询、投影变换、图像几何校正、影像配准、镶嵌、影像分类、小波压缩、雷达图像处理、COLORDRAPE、三维可视化、FLYTHROU GH 以及和 GIS 动态链接后生成专题图等传统图像处理功能外，它在开发起点和设计思想等方面完全区别于早期的传统图像处理系统。ER Mapper 软件与众不同的设计构思和独特之处主要表现在以下几个方面：

（1）独特的软件设计思想。算法（Algorithms）概念贯穿整个图像处理过程，更适用于大型工程的图像处理作业。ER Mapper 将一系列的处理过程，如数据输入、波段选择、滤波、直方图变换等，有效地组织起来形成一个处理流程。用户可以按自己设想的处理方案，将若干个处理功能组织成一个处理流程，并可以将该流程以算法方式存储起来，以供调用。ER Mapper 算法是一个记录着针对某个数据进行的所有处理过程的文件。除非特别指明输出流向，ER Mapper 均直接在视窗显示处理结果图像，而不产生实际的图像文件，结果影像也可以用算法的方式存储起来，因此大大节约了存储空间（胡军伟，1999）。

（2）小波压缩技术。ER Mapper 具有独特的海量影像压缩技术，可以完成 TB 级的图像数据快速压缩。支持 ECW 和 JPEG 2000 两种小波压缩格式，可以自定义压缩比例，支持有损/无损压缩。

（3）ER Mapper 用户界面简单友好，富于逻辑性，大量地使用向导使复杂的处理过程简单化；同时 ER Mapper 具有方便创新的用户开发环境，允许用户在三个层次上对其进行开发（胡军伟，1999）：

① 最高层：公式合成。用户可以在相应的菜单上输入一个公式或一个小程序，以实施各波谱段的代数运算和逻辑运算，公式的具体内容以文件的形式存入系统。

② 第二层：批处理。用户可以按某一特定的处理流程得到预期结果，并将处理流程以算法的方式存储，这一层次的开发实际上是图像处理本身，不需要编程知识，但需要对现有图像处理功能有所认识。

③ 第三层：程序。用户可借助于 ER Mapper 的用户代码框架程序，用 C 或 FORTRAN 编写公式或算子，用户的程序可以方便地被编译并融于 ER Mapper 系统中。

（4）ER Mapper 通过先进的动态链接功能实现了遥感、GIS、数据库全面集成，并且可在 GIS 系统中运行多余的 ER Mapper。与其他遥感图像处理软件相比，ER Mapper 对矢量数据的支持最为全面，且矢量层支持的对象类型最多，它可直接读取、编辑、增加、存储 GIS 数据，并且可以利用卫片、航片数据对 GIS 数据进行更新。与大型数据库如 Oracle 的动态链接，ER Mapper 可以直接读取 Oracle 的数据。

（5）较强的可移植性。ER Mapper 处理的影像可以在各种应用程序中使用，支持大多数影像和数据格式，并且不断更新全球大地基准点和投影信息。

（6）全模块设计，功能强大，满足用户各方面的需求。

2.3.6 像素工厂

像素工厂（Pixel Factory，简称 PF）是当今世界一流的遥感影像自动化处理系统，集自动化、并行处理、多种影像兼容性、远程管理等特点于一身，代表了当前遥感影像数据处理技术的发展方向，主要用于地形图测绘、城市规划、城市环境变化检测等。

像素工厂的影像处理技术比传统的影像处理技术在许多方面有很大的改进，具体表现为：该系统采用并行计算技术，大大提高了系统的处理能力，缩短了项目周期；该系统具有强大的自动化处理技术，比市场上现有的遥感影像处理软件具有更强的自动化能力，在少量人工干预的情况下，能迅速生成正射影像等产品；该系统具有周密而系统的项目管理机制，能够及时查看工程进度、项目完成情况，并能根据生成的信息适时做出调整；该系统允许多个不同类型的项目同时运行，并能根据计划自动安排生产进度，充分利用各项资源，最大限度地提高生产效率。像素工厂还具有先进成熟的影像处理算法和多年的技术积累，代表了当前遥感影像处理技术的最新发展方向。此外，像素工厂能够兼容当前主流的各种航空航天传感器（需要输入传感器检校文件），并提出了"与传感器无关"的概念。

像素工厂系统具有四个用户界面：Main Win2dow，Administ rator Console，Information Console，Activity Window，所有的软件功能模块均内嵌在这四个界面的菜单中。像素工厂在国内市场尚处于起步阶段，在法国、日本、美国、德国都有许多成功的项目案例，在航空遥感数码相机越来越流行的今天，该系统得到了业内越来越广泛的关注。

2.3.7 GeoImager

GeoImager 是在国家 863 计划支持下，由武汉吉奥信息工程有限公司、武汉大学和中国地质大学联合组织开发的具有自主知识产权的遥感数据处理平台。该系统除具有常规的遥感图像处理功能之外，还具有高光谱数据处理、遥感影像融合、雷达数据处理、基于卫星遥感影像的 DEM 生成等功能。其中的基于卫星遥感影像的 DEM 生成模块主要针对 SPOT、IKONOS 以及资源二号卫星等具有立体成像的光学卫星遥感影像，提供高速、高效的自动匹配算法，可按照我国空间数据交换标准格式生成 DEM 数据。图 2.3 为 GeoImager 软件的主界面。

图 2.3　GeoImager 软件的主界面

GeoImager 开发遵循软件工程原理，采用面向对象的设计原则，便于系统功能的扩展和用户二次开发。GeoImager 以先进的图像处理技术、友好的用户界面和灵活的操作方式服务于测绘、电力、林业、规划、国土资源调查等遥感及相关应用领域。GeoImager 3.0 是国内唯一通过国家测绘局 1∶5 万 DOM 生产软件工具测试的系统，GeoImager 5.0 全新稳健的底层平台已用于多个遥感应用系统，同时作为一个完整的遥感图像处理系统应用于教学。目前主要作为遥感工程应用的基础软件，开展遥感工程化应用。先后在国土资源部第一次资源大调查、我国自主发射卫星的地面预处理系统以及我军有关遥感应用单位进行了大规模的工程化应用，取得了良好的经济效益。

2.3.8　TITAN Image

TITAN Image 遥感图像处理软件是国家 863 计划"信息获取与处理技术"主题中的"遥感数据处理商用软件"重点项目的研制成果，该项目是由北京东方泰坦科技有限公司主持，中国林业科学研究院资源信息研究所、中国国土资源航空物探遥感中心、中国科学院计算技术研究所、中国科学院遥感信息科学开放研究实验室和南京大学参加的联合体共同研制完成的。它是基于北京东方泰坦科技有限公司的 TITAN 地理信息系统和遥感图像处理系统，采用软件工程化的组织方式，应用 VC++语言开发的；是在对遥感应用客户进行充分调研的基础上，认真分析了国外优秀遥感图像处理软件的优缺点，继承了 TITAN 软件的稳定性、安全性，采用最新的实用算法研制开发的专业遥感图像处理系统。

TITAN Image 软件提供了系统内部 TMG 数据格式，采用了独创的海量影像段页式动态存取技术，支持大数据量遥感影像的快速调入显示、无极缩放和漫游，同时与 TITAN 影像库实现高效协同工作；能够直接操作 PCI PIX、TIF、GEOTIFF、BMP、JPEG、RAW 主流遥感影像数据格式，支持 TITAN GIS、ArcView SHP、MapInfo MIF、DXF 等几十种数据格式的转入，无需转换就可以快速读入显示大数据量的影像，并能确保放大缩小后对数据的真实显示；TITAN Image 软件基于 ORACLE 数据库的影像库管理，采用了独创的海量影像数据动态分块处理技术，实现海量影像的平稳、高效处理，其强大的 GIS 功能，支持对矢量库、影像库、影像文件、各种 GIS 专题数据的叠加显示及地图整饰工作。

TITAN Image 软件的体系结构如图 2.4 所示。

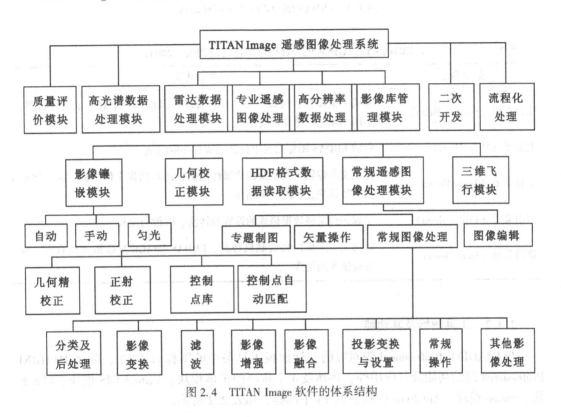

图 2.4 TITAN Image 软件的体系结构

2.4 ERDAS 遥感图像处理软件系统介绍

启动 ERDAS IMAGINE 以后，用户首先看到的就是 ERDAS IMAGINE 的图标面板（见图 2.5），包括菜单条（menu bar）和工具条（tool bar）两部分，其中提供了启动 ERDAS IMAGINE 软件模块的全部菜单和图标。

2.4.1 菜单命令及其功能

如图 2.5 所示，ERDAS IMAGINE 图标面板菜单中包括 5 项下拉菜单，每个菜单由一系列命令或选择组成，其主要功能见表 2.1。

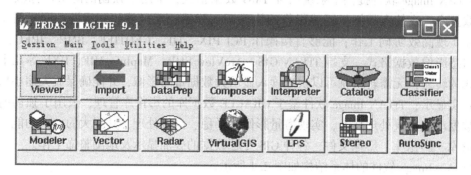

图 2.5 ERDAS IMAGINE 9.1 图标面板

表 2.1 ERDAS IMAGINE 图标面板菜单条（汤国安，2004）

菜单命令	菜单功能
综合菜单（Session Menu）	完成系统设置、面板布局、日志管理、启动命令工具、批处理过程、实用功能、联机帮助等
主菜单（Main Menu）	启动 ERDAS 图标面板中包括的所有功能模块
工具菜单（Tools Menu）	完成文本编辑，矢量及栅格属性编辑，图形图像文件坐标变换，注记及字体管理，三维动画制作
实用菜单（Utility Menu）	完成多种栅格数据格式的设置与转换、图像的比较
帮助菜单（Help Menu）	启动关于图标面板的联机帮助、ERDAS IMAGINE 联机文档查看、动态链接库浏览等

2.4.2 工具图标及其功能

与 IMAGINE Professional 级对应的图标面板工具条中的图标有 10 个，除了 IMAGINE Professional 级的功能及其应用外，还涉及 4 个重要的扩展模块：Virtual GIS 模块、LPS 模块、Stereo 模块、AutoSync 模块，共 14 个图标，如表 2.2 所示。

表 2.2 ERDAS IMAGINE 图标面板工具条

图标	命令	功能	图标	命令	功能
Viewer	Start IMAGINE Viewer	打开 IMAGINE 视窗	Import	Import/Export	数据输入输出模块
DataPrep	Data Preparation	数据预处理模块	Composer	Map Composer	专题制图模块
Interpreter	Image Interpreter	图像解译模块	Catalog	Image Catalog	影像库管理模块

图标	命令	功能	图标	命令	功能
Classifier	Image Classification	图像分类模块	Modeler	Spatial Modeler	空间建模模块
Vector	Vector	矢量功能模块	Radar	Radar	雷达图像处理模块
VirtualGIS	VirtualGIS	虚拟 GIS 模块	LPS	LPS	正射影像图制作模块
Stereo	Stereo	立体分析模块	AutoSync	AutoSync	影像自动匹配配准模块

2.4.3 ERDAS IMAGINE 主要功能介绍

点击功能图标按钮，即可启动相应的功能模块。下面介绍工具条各功能图标的内容，即点击图标按钮后弹出的菜单包括的各个命令。

1. 视窗 Viewer 功能

二维视窗是显示栅格图像、矢量图形、注记文件、AOI（感兴趣区域）等数据层的主要窗口。每次启动 ERDAS IMAGINE 时，系统都会自动打开一个二维窗口。每次点击视窗功能（Viewer）按钮，就有一个视窗出现，可以在视窗内对图像进行各种处理操作，如图2.6 所示。

图 2.6 Viewer 视窗

2. 输入输出模块

ERDAS IMAGINE 的数据输入/输出（Import/Export）功能，允许用户输入多种数据格式，同时允许将 IMAGINE 的文件转换成多种数据格式。启动输入输出模块，弹出如图 2.7 所示的对话框。

图 2.7 Import/Export 对话框

此模块允许用户输入栅格和矢量数据到 IMAGINE 中，并可输出文件。在这个对话框的下拉列表中，完整地列出了 ERDAS 支持的各种输入输出格式。

3. 数据预处理模块

ERDAS IMAGINE 数据预处理模块由一组实用的图像数据处理工具构成，主要是根据工作区域的地理特征和专题信息提取的客观需要，对数据输入模块中获得的 IMG 图像文件进行范围调整、误差校正、坐标转换等处理，以便于进一步开展图像解译、专题分类等分析研究。启动数据预处理模块，弹出数据预处理菜单条，其功能如表 2.3 所示。

表 2.3　　　　　　　　　　数据预处理模块主要功能

命令	功能	命令	功能
Create New Image	生成新图像	Create Surface	三维地形表面生成
Subset Image	图像裁剪	Image Geometric Correction	图像几何校正
Mosaic Images	图像镶嵌	Unsupervised Classification	非监督分类
Reproject Images	图像重投影	Recalculate Elevation Values	高程值重新计算

4. 图像解译模块

ERDAS IMAGINE 的图像解译器（Image Interpreter）包含了 50 多个用于遥感图像处理的功能模块，这些功能模块在执行过程中都需要用户通过各种按键或对话框定义参数，多数解译功能都借助模型生成器（Model Maker）建立了图形模型算法，很容易调用或编辑。启动图像解译模块，弹出图像解译菜单条，其功能如表2.4所示。

表2.4　　　　　　　　图像解译（Image Interpreter）模块主要功能

命令	功能	命令	功能
Spatial Enhancement	空间增强	Radiometric Enhancement	辐射增强
Spectral Enhancement	光谱增强	Hyperspectral Tools	高光谱增强
Fourier Analysis	傅里叶分析	Topographic Analysis	地形分析
GIS Analysis	GIS分析	Utilities	实用功能

5. 专题制图模块

启动专题制图模块，弹出专题制图菜单条，其功能如表2.5所示。

表2.5　　　　　　　　**专题制图（Map Composer）模块主要功能**

命令	功能	命令	功能
New Map Composition	制作新的地图文件	Open Map Composition	打开地图文件
Print Map Composition	打印地图文件	Edit Composition Paths	编辑地图文件路径
Map Series Tool	系列地图工具	Map Database Tool	地图数据库工具

6. 影像数据库模块

影像数据库管理（Image Catalog）是指将一个区域的所有图像进行统一管理。启动ERDAS IMAGINE 的影像数据库模块，弹出影像数据库视窗，如图2.8所示。

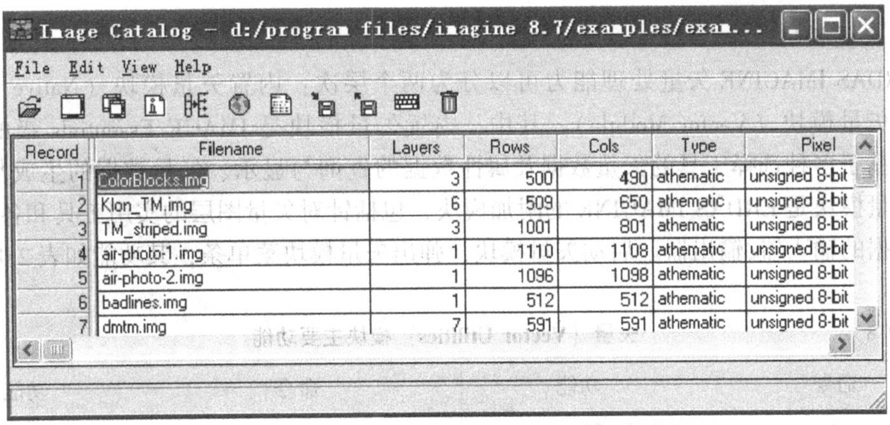

图2.8　影像数据库视窗

7. 图像分类模块

ERDAS IMAGINE 提供了非监督分类、监督分类以及专家分类3类分类方法。启动图像分类模块,弹出图像分类菜单条,其主要功能如表 2.6 所示。

表 2.6　　　　　　　　图像分类（Image Classification）模块主要功能

命令	功能	命令	功能
Signature Editor	模板编辑器	Unsupervised Classification	非监督分类
Supervised Classification	监督分类	Threshold	阈值处理
Fuzzy Convolution	模糊卷积	Accuracy Assessment	精度评价
Feature Space Image	特征空间影像	Feature Space Thematic	特征空间专题图像
Knowledge Classifier	专家分类器	Knowledge Engineer	知识工程师
Frame Sampling Tools	框架采样工具	Spectral Analysis	光谱分析

8. 空间建模模块

ERDAS IMAGINE 空间建模工具（Spatial Modeler）是一个面向目标的模型语言环境,在这个环境中,用户可以应用直观的图形语言在一个页面上绘制流程图,定义图形分别表示输入数据、操作函数、运算规则和输出数据,并通过所建立的空间模型可以完成地理信息和图像处理的操作功能。启动空间建模模块,弹出空间建模菜单条,其功能如表 2.7 所示。

表 2.7　　　　　　　　空间建模（Spatial Modeler）模块主要功能

命令	功能
Model Maker	模型生成器
Model Librarian	空间模型库

9. 矢量模块

ERDAS IMAGINE 矢量处理能力可以分为两个层次：内置矢量模块（Native Vector）和扩展矢量模块（Vector Module）。其中,内置矢量模块是 IMAGE Essentials 级的功能,它包括基于多种选择工具的矢量数据及属性数据的查询与显示、矢量数据的生成与编辑。扩展矢量模块是 ERDAS IMAGINE 的附加模块,包括针对矢量图层的实用工具和各种格式矢量数据的输入器/输出器。启动矢量模块,弹出矢量模块菜单条,其功能如表 2.8 所示。

表 2.8　　　　　　　　矢量（Vector Utilities）模块主要功能

命令	功能	命令	功能
Clean Vector Layer	消除矢量图层	Build Vector Layer Topology	建立矢量图层
Copy Vector Layer	矢量图层复制	External Vector Layer	外部矢量图层
Rename Vector Layer	矢量图层重命名	Delete Vector Layer	删除矢量图层
Display Vector Layer	显示矢量图层信息	Create Polygon Labels	多边形图层自动生成标签点

续表

命令	功能	命令	功能
Mosaic Polygon Layers	矢量图层镶嵌	Transform Vector Layer	矢量图层转换
Raster to Vector	栅格-矢量转换	Subset Vector Layer	矢量图层裁剪
Vector to Raster	矢量-栅格转换	Start Table Tool	编辑属性表
Zonal Attributes	区域属性	ASCⅡ to Point Vector Layer	生成点图层

10. 雷达模块

ERDAS IMAGINE 雷达图像处理模块（Radar Module）由两部分组成：基本雷达图像处理模块和高级雷达图像处理模块。其中，基本雷达模块主要是对雷达图像进行亮度调整、斑点噪声压缩、斜距调整、纹理分析和边缘提取等一些基本的处理，内置在 Professional 级的软件产品中；而高级雷达模块包括了正射雷达（OrthoRadar）、立体雷达（StereoSAR DEM）和干涉雷达（IFSAR DEM）3 个子模块，是 3 个相对独立的扩展模块，用户可以根据需要选择购置。启动雷达模块，弹出雷达模块菜单条，其功能如表 2.9 所示。

表 2.9　　　　　　　　　　雷达（Radar）模块主要功能

命令	功能	命令	功能
IFSAR	干涉雷达	StereoSAR	立体雷达
OrthoRadar	正射雷达	Radar Interpreter	雷达解译
Generic SAR Node	一般 SAR 节点编辑		

11. 虚拟 GIS 模块

ERDAS IMAGINE 虚拟地理信息系统（VirtualGIS）是一个三维可视化工具，给用户提供了一种对大型数据库进行实时漫游操作的途径。VirtualGIS 以 Open GL 作为底层图形语言，由于 Open GL 语言允许对几何或纹理的透视使用硬件加速设置，从而使得 VirtualGIS 可以在 Unix 工作站及 PC 机上运行。启动虚拟 GIS 模块，弹出虚拟 GIS 模块菜单条，其功能如表 2.10 所示。

表 2.10　　　　　　　　　虚拟 GIS（VirtualGIS）模块主要功能

命令	功能	命令	功能
VirtualGIS Viewer	虚拟 GIS 视窗	Virtual World Editor	虚拟世界编辑器
Create Movie	三维动画制作	Create Viewshed Layer	空间视阈分析
Record Flight Path with GPS	飞行路线设计	Create TIN Mesh	生成 TIN 掩膜

12. LPS 模块

LPS（Leica Photogrammetry Suite）是徕卡公司最新推出的数字摄影测量及遥感处理软件系列。它可以处理航天（最常用的包括卫星影像 QuickBird、IKONOS、SPOT-5 及

LANDSAT等)和航空(扫描航片、ADS40数字影像)的各类传感器影像定向及空三加密,处理各种数字影像格式,黑/白、彩色、多光谱及高光谱等各类数字影像。LPS的应用还包括矢量数据采集、数字地模生成、正射影像镶嵌及遥感处理,它是第一套集遥感与摄影测量在单一工作平台的软件系列。LPS的系统模块功能如表2.11所示。

表2.11 LPS模块主要功能

命令	功能	命令	功能
LPS Core	数字摄影测量工具	LPS Stereo	三维立体观测
LPS Automatic Terrain Extraction	数字地面模型自动提取	LPS Photogrammetry Suite Terrain Editor	数字地面模型编辑
LPS ORIMA	空三加密	LPS PRO600	数字测图
Leica MosaicPro	高级影像镶嵌	Developer Kit	二次开发工具
ImageEquallizer	影像匀光器	Stereo Analyst	立体分析
Leica Ortho Accelerator	正射流程管理	GeoVault Web Service	影像数据管理

13. 影像自动配准模块

启动影像自动配准模块(AutoSync),弹出自动配准模块菜单条,其功能如表2.12所示。

表2.12 影像自动配准(AutoSync)模块主要功能

命令	功能	命令	功能
Georeferencing Wizard	地理参考向导	Edge Matching Wizard	边缘匹配向导
Open AutoSync Project	打开自动配准工程	AutoSync Workstation	自动配准工作站

第3章 遥感图像认知

3.1 实习内容和要求

随着卫星遥感技术的迅速发展,当今的遥感对地观测体系是一个多平台、多传感器、多层次、多角度的立体综合观测系统,能够提供多种空间分辨率、时间分辨率和光谱分辨率的遥感对地观测数据。因此,人们所能获得的影像的覆盖范围、分辨率、影像波段数、影像格式,以及影像质量等都是不同的,影像获取的成本和难易程度也相差很大。根据遥感应用的具体要求,选择合适的影像数据,是非常必要的。本章首先介绍目前国内外主要的遥感卫星,分析不同卫星影像的特征,给出影像质量评价的方法。

在本章实习中,应掌握以下内容:

(1) 了解各主要遥感卫星的影像特点,如空间分辨率、光谱分辨率、重访周期、量化等级以及影像产品的分级等。

(2) 理解高、中、低分辨率影像的基本特征及其适合用途,能够根据影像的特征对其区别和辨认。

(3) 熟练掌握遥感影像质量评价的各种方法。

3.2 遥感图像类型

遥感数字图像以二维数组表示。在数组中,每一个元素代表一个像素,像素的坐标位置隐含,由这个元素在数组中的行列位置决定。元素的值表示传感器探测到像素对应地面面积上目标物的电磁辐射强度(汤国安等,2004)。

(1) 遥感影像按波段量可分为单波段、彩色或多波段数字图像。

① 单波段遥感影像:是指在某一波段范围内工作的传感器获得的遥感数字图像。例如 SPOT-5 卫星提供的 5m 分辨率全色波段图像,每景图像为 12 000 行×12 000 列的数组,每个像素采用 1 字节记录地物亮度值。

② 彩色数字图像:由红、绿、蓝三个数字层构成的图像。在每一个数字层中,每一个像素用 1 字节记录地物的亮度值,数值范围一般介于 0~255。每个数字层的行、列数取决于图像尺寸和数字化过程采用的光学分辨率。

③ 多波段数字图像:是指利用多波段传感器对同一地区、同一时间获得的不同波段范围的数字图像。例如 MODIS 传感器的光谱分辨率为 0.42~14.24um,包含 36 个波段的图像数据;EO-1 卫星上携带的 Hyperion 传感器的成像波段数可以在 233~309 变化。

(2) 遥感影像按其分辨率的高低可以分为高分辨率遥感影像、中分辨率影像、低分辨率影像。

① 高分辨率遥感影像的空间分辨率一般≤10m，卫星一般在距地600km左右的太阳同步轨道上运行，重复覆盖同一地区的时间间隔为几天。典型的高分辨率遥感影像主要有：IKONOS影像（1m/4m）、QuickBird影像（0.61m/2.44m）、IRS-P5（2.5m）、EROS影像（1m）等，这类影像广泛应用于精度要求相对较高的城市内部绿化、土地、地籍等的现状调查、规划、地形图测绘、工程监测等。

② 中等清晰度遥感影像的空间分辨率一般在10~80m，卫星一般在700~900km的近极地太阳同步轨道上运行，重复覆盖同一地区的时间间隔为几天至几十天。如MSS影像的空间分辨率为80m，幅宽为185km，重返周期为17天；TM影像的空间分辨率为30m和15m两种，幅宽为185km；ASTER影像的第一至第三波段位于可见光/近红外部分，空间分辨率为15m，第四至第九波段位于短波红外部分，空间分辨率为30m，第十至第十四波段位于热红外部分，地面分辨率为90m。

③ 低分辨率遥感影像。气象卫星是空间分辨率相对较低的卫星采集系统，广泛应用于宏观观测对象，如气象预报和观测海洋表面深度海浪、海冰等。如NOAA气象卫星影像空间分辨率为1.1km和4km两种。

（3）遥感影像按照其传感器成像的工作波段不同可分为可见光影像、红外遥感影像、微波遥感影像。

3.3 国外遥感卫星系列

3.3.1 Landsat卫星

美国Landsat卫星系列从1972年发射第1颗起，到现在已经发射了7颗。在这期间，随着技术的进步，卫星及传感器性能不断提高。Landsat卫星系列具有持续时间长、综合性能好、波段设置合理等特点，对全球的遥感技术与应用产生了重要而广泛的影响。Landsat1、2、3为Landsat的第一代系列陆地卫星，Landsat4、5为Landsat第二代系列，Landsat6、7为第三代系列。Landsat1发射于1972年，是世界上第一个地球观测卫星。

1984年发射的Landsat5卫星至今仍在运行工作，其获取的TM数据在世界范围内得到了广泛的应用。Landsat5上装载MSS和TM两种传感器，MSS可形成分辨率为83m的可见光及近红外影像，TM在可见光、近红外和中红外波段为30m，在热红外波段为120m。Landsat6于1993年发射，但是发射失败。1999年，Landsat7卫星成功发射，投入运行。Landsat7在保持原有Landsat5的基本特点基础上，性能有了进一步的提高。增加了15m分辨率的全色波段，热红外波段的分辨率由120m提高到60m，提高了辐射校正和几何校正的精度，卫星上记录设备由磁带系统改为固态记录设备等。Landsat卫星的影像是目前中等分辨率卫星影像的主要数据源。

Landsat卫星数据的应用面非常广，主要适合于国土资源调查、地质勘探、旱涝灾情监测、农作物估产、土地利用制图、地图修测修编、林业资源调查、水利规划、城市规划、环境污染监测、军事等众多领域。

3.3.2 IKONOS卫星

IKONOS卫星是SpaceImaging公司于1999年发射高分辨率商业遥感卫星系统，是世界上第一颗提供米级高分辨率卫星影像的商业遥感卫星。IKONOS卫星提供的全色影像分辨率达到1m，可以满足万分之一比例尺测图精度要求。IKONOS卫星提供提供用户使用的标准产品还包括4m分辨率的多光谱遥感影像数据和1m分辨率增强型彩色遥感影像数据（多光谱影像与全色遥感影像的融合影像）。IKONOS卫星影像的扫描幅宽为11~13km，所有的影像都具有11bit的量化等级，因而影像包含更加丰富的信息。

IKONOS卫星的传感器具有十分灵活的机械设计，可以通过CCD相机前后摆动获取同轨立体影像，同一像对中的两景影像采集间隔时间仅30~40秒，辐射变化极小，便于匹配处理。SpaceImaging公司对IKONOS卫星的成像模型保密，提供有理多项式模型代替严格成像模型。IKONOS提供立体影像数据可分为以下3级：

（1）标准立体影像数据没有经过地面控制点纠正，其平面精度和高程精度分别为25m和22m。

（2）精纠正立体影像数据经过地面控制点纠正，其全色波段平面精度和高程精度分别为4m和5m，多光谱波段的平面精度和高程精度分别为6m和9m。

（3）增强型精纠正立体影像数据亦经过地面控制点纠正，其全色波段平面精度和高程精度分别达到2m和3m，主要用于测制相应比例尺地形图、影像地形图。

IKONOS同时还提供数字高程模型的数字产品共有3级，其高程精度分别为30m、12m和3m（有地面控制点）。可以根据用户的要求提供多种遥感数据产品。目前各主要遥感影像处理软件都有处理IKONOS影像的专门模块，经过SpaceImaging认证并提供IKONOS影像处理模块的软件有：ERDAS、PCI、LHSystem、CarterraImagine、ZIImaging、ENVI。

IKONOS卫星上装载有高性能的GPS接收机、数字式恒星跟踪仪和激光陀螺，可以提供较高精度的卫星星历和姿态参数，保证了在没有地面控制点的情况下，IKONOS卫星影像也能达到较高的地理定位精度。

IKONOS具有灵活的侧摆能力，卫星可从星下点两边侧摆各50度，这使得它具有很短的重访周期，对目标具有很强的机动覆盖能力。粗略来说，以1m的分辨率，IKONOS的重访周期是3天，以1.5m的分辨率，IKONOS的重访周期是1.5天。

IKONOS的影像被广泛应用于城市规划、环境与农业监测、自然灾害评估、电信以及石油和天然气勘探等。目前IKONOS遥感卫星亚洲的地面站设在韩国汉城，覆盖范围涵盖了我国东北及中、东部地区，西部达到贵州、成都、西宁及内蒙古地区。地面站日最大接收区域面积为25万平方公里。

3.3.3 QuickBird 卫星

QuickBird卫星由美国DigitGloble公司于2001年发射。QuickBird卫星的全色波段的分辨率达到了0.61m，这是目前仅次于在WorldView-1的全球最高分辨率的商业遥感卫星。QuickBird同时还提供四个多光谱波段影像，分辨率为2.44m。同IKONOS一样，QuickBird影像也具有11bit量化等级。QuickBird影像产品分基本影像、标准影像、正射影像、立体像对等不同类型，从波段组成上影像产品分全色波段影像数据、多光谱影像数据、全色波段影像数据与多光谱影像数据产品包、融合影像数据。QuickBird影像的几何定位精度也非常高，在无地面控制点的情况下，基本影像（Basic级，未经过几何处理）可以达到14m。

与IKONOS卫星类似，QuickBird卫星也具有推扫、横扫成像能力，可以获取同轨、异轨立体像对，一般以同轨立体为主。QuickBird提供Basic级的立体影像，Basic级的立体影像的全色分辨率大概为0.78m（倾斜30°），多光谱影像分辨率为3.12m。立体影像的基高比在0.6~2.0之间，绝大部分情况下在0.9~1.2范围内，适合提取DEM或三维地物提取。DigitGloble公司同时提供亚米传感器模型和有理多项式系数模型来处理QuickBird影像。

QuickBird具有很高的地面覆盖幅宽，当垂直摄影时（分辨率0.61m），覆盖幅宽为16.5km，当倾斜30°成像时（分辨率1m），地面幅宽为22km（这在米级分辨率的卫星中是最宽的，IKONOS只有11~13km，OrbView-3卫星仅6km）。较宽的覆盖范围提高了数据的获取效率，也减少了后续镶嵌等的工作量。QuickBird卫星具有非常好的机动编程获取能力，根据纬度和用户要求侧视角的不同，QuickBird卫星具有1~3天的重访周期。QuickBird卫星具有海量星上存储能力，单景影像比其他的商业高分辨率卫星高出2~10倍。QuickBird卫星系统能够提供大量的存档数据（以我国为例，存档数据大约覆盖了500万平方公里）和预定购影像，卫星数据广泛应用于城市规划、军事侦察、工程建设、人员救援、新闻报道等。

3.3.4　OrbView卫星

OrbView卫星由OrbImage公司负责经营的高分辨率遥感卫星，目前最新的是OrbView-3卫星。OrbView-3提供空间分辨率1m的全色影像和4个波段的空间分辨率为4m的多光谱影像，影像幅宽为8km。OrbView-3具有最大45°的侧视角，可以形成立体影像，卫星重访周期小于3天。

OrbView-3卫星1m分辨率的影像能够清晰地看到地面上的房屋，汽车和停机坪上的飞机，并能生成高精度的电子地图和三维飞行场景。4m多光谱影像提供了彩色和近红外波段的信息，可以从高空中更深入地刻画城市、乡村和未开发土地的特征。OrbView-3卫星影像被广泛应用于测绘制图、军事侦察、农作物长势监测与预测、森林监测和管理、海岸带测绘与环境监测、自然灾害灾情评估等。

3.3.5　WorldView卫星

WorlView卫星是DigitGloble公司经继QuickBird之后的下一代高分辨率遥感卫星。第1颗卫星WorldView-I已于2007年成功发射，第2颗WorldView-II也在发射计划中。WorldView-I是目前地球上分辨率最高、响应最敏捷的商业成像卫星。WorldView-I的全色影像分辨率达到星下点0.41m，在倾斜20°成像时0.55m。由于美国政府的禁令，对于非美国政府用户，即使获得0.41m的影像，也必须强制重采样到0.5m出售。WorldView-I不提供多光谱影像，但在计划中的WorldView-II卫星将能够提供8个波段的分辨率约为1.8m的多光谱影像。

WorldView-I进一步提高了机动覆盖能力，在1m分辨率情况下，平均重访周期为1.7天，在0.51m分辨率下，平均重访周期为5.9天。WorldView-I继承了QuickBird大幅宽的优点，垂直摄影时，幅宽为18.7km。WorldView-I卫星具有更大的星上存储系统，大容量全色成像系统每天能够拍摄多达50万平方公里的0.5m分辨率图像。

WorldView-I卫星具备更高的地理定位精度，在无控制点时，平面定位精度为5.8~

7.6m（CE90），在存在地面控制点的情况下，平面定位精度可达到2m（CE90）。该卫星还具有极佳的响应能力，能够快速瞄准要拍摄的目标和有效地进行同轨立体成像。

3.3.6 GeoEye 卫星

GeoEye 系列卫星是 IKONOS 和 OrbView-3 的下一代卫星。2005年，SpaceImaging 公司（IKONOS 的所有者）因为竞标失败，没有得到美国政府的订单，被 OrbImage 公司（OrbView 的所有者）收购。合并之后的公司称为世界上最大的商业高分辨率遥感卫星运营公司，其计划中的卫星 OrbView-5 继承了 IKONOS 和 OrbView-3 两颗卫星的设计优点，并在最新计划里名称被改为 GeoEye 1。OrbImage 公司原计划于2007年发射该卫星，但直到2008年9月份才成功发射，并由于软件故障直到12月份才开始提供商业影像产品。GeoEye 1 卫星的全色影像具有0.41m的空间分辨率，4个波段的多光谱影像具有1.64m的空间分辨率，影像的幅宽也达到15.2km。GeoEye 1 卫星每天能获取120万平方公里的影像，重访周期小于1.5天。GeoEye 1 卫星的影像采集速度也有明显提高，较之 IKONOS，GeoEye 1 的全色影像采集速度提高了40%，多光谱影像采集速度提高了25%。在没有地面控制点的情况下，GeoEye 1 单张影像能够提供由于3m（CE90）的平面定位精度，立体影像能够提供4m（CE90）的平面定位精度和6m（LE90）的高程定位精度。

SpaceImaging 公司已经与 Google 公司签订合同，向 GoogleEarth 提供0.5m（美国政府政策限定商业卫星影像分辨率不能超过0.5m）的卫星影像，使 GoogleEarth 上的影像清晰度和分辨能力有明显的提高。SpaceImaging 公司计划于2011年或2012年发射第二颗 GeoEye 卫星：GeoEye 2。

3.3.7 SPOT 系列卫星

法国 SPOT 系列卫星以稳定性、较高的分辨率、成功的商业运作模式而著称，也是全球最具影响力的遥感卫星之一。SPOT 卫星是由法国于1978年发起研制的，第1颗卫星 SPOT-1 于1986年2月成功发射，其轨道参数如表3.1所示。为了保持 SPOT 系统的延续性，以后每隔3—4年发射一颗新的 SPOT 卫星，迄今为止共发射了5颗，最新的 SPOT-5 于2002年5月发射成功，表3.2列出了 SPOT 系列卫星的发射时间。到目前为止，除 SPOT-3 于1996年12月失效外，其余都在正常运行。多颗卫星的投入运行不仅保证了 SPOT 提供服务的连续性，而且使 SPOT 卫星群体的整体技术水平的提高和超前优势更加明显。

SPOT-1~SPOT-4 的性能指标大致相似，成像系统均采用了两台相同的传感器 HRV（high resolution visible）或 HRVLR（high resolution visible and infrared），可采用全色（0.51~0.73um）和多光谱（0.50~0.59um，0.61~0.68um，0.79~0.89um）两种方式工作。全色模式的地面分辨率为10m，像元尺寸为13um，相机等效焦距为1 082mm，按倾斜摄影方式获取异轨立体像对，传感器反射镜的安置角以0.6°的级差取-27°~27°之间91个值中的任何一个。在近似垂直摄影时，卫星在垂直轨道方向上的地面覆盖宽度为60km（当两个传感器阵列均作垂直摄影时，地面总覆盖为117km，重叠为3km）；最大倾斜摄影（反射镜安置角接近±27°）时地面覆盖宽度为80km，垂直摄影与最大倾斜摄影之间的间距约为400km。SPOT 卫星从不同的轨道上对同一地区进行摄影，构成的旁向立体像对基高比可增大1左右。

表 3.1　　　　　　　　　　　　　　**SPOT 卫星轨道参数**

轨道高度 H/km	822
轨道倾角 i/(°)	98.7°
运行周期 T/min	101.4
重复周期/d（圈）	26（369）
偏移系数	+5
卫星过降交点时间	10：30 a.m

表 3.2　　　　　　　　　　　　**SPOT 系列卫星发射时间表**

SPOT	SPOT-1	SPOT-2	SPOT-3	SPOT-4	SPOT-5
发射时间	1986.2.22	1990.1.22	1993.9.26	1998.3.24	2002.5.3
终止时间	运行	运行	1996.11.14	运行	运行
传感器	HRV	HRV	HRV	HRVIR VI Poam3	HRG HRS VI

SPOT-5 上搭载了两套高分辨率成像装置 HRG（High Resolution Geometric）和 HRS（High Resolution Stereoscopic）。

HRG 由法国两条线阵 CCD 探测器构成，它们安置在同一焦平面上，并在飞行方向和线阵方向上分别交错半个像元排列。通常情况下，HRG 装置获取 5m 分辨率的全色影像。在 Supermode 模式下，HRG 可以将地面分辨率提高到 2.5m。HRG 的成像条带的幅宽为 60km。HRG 可以通过左右侧摆，获取异轨立体影像。

HRS 是双线阵 CCD 相机，由前视、后视 CCD 相机组成，两个 CCD 相机的望远镜系统在轨道面内前后偏离铅垂线的夹角均为 20°。获取立体像对时，前后视传感器成像时间相差只有 90s，避免了由于成像时间差过大引起的影像色调变化，便于后续摄影测量处理。HRS 获取的同轨立体影像的基高比可达 0.84，良好的基高比保证了生成 DEM 的精度。HRS 双线阵 CCD 的设计使其具有获取连续立体像对的能力，可用于大范围的 DEM 和三维目标信息的提取。

SPOT-5 采用了新的恒星跟踪仪和定轨装置 DORIS，可以更精确地测定卫星位置和姿态，从而有效地提高了影像的定位精度。SPOT-5 影像数据在城市规划、测绘和军事等方面得到广泛应用。在海湾战争期间，美军买了 220 景 SPOT-4 全色图像（当时，SPOT-5 尚未发射），无缝地覆盖了整个区域，且整体地叠合到美国国防部制图局（DMA）的数字地形高程数据上，因而产生了包括地形和植被特征的真实三维效果，这种先进的行动计划挽救了生命，节省了大量的时间和资源。

3.3.8 IRS 卫星

印度是较早开展空间遥感技术开发并取得成功的发展中国家，IRS 卫星是印度的资源卫星系列，其中具有高空间分辨和立体测图能力的是 IRS-P5 卫星和 IRS-P7 卫星。

IRS-P5 又名 Cartosat-1，空间分辨率为 2.5m，可以获取高性能测量的立体图像，制作地形的数字地图和比例为 1:10 000 的测绘地图，其地形高程的确定精度 5m。卫星数据具备真正 2.5m 分辨率，应用尺度能够达到 1:10 000；在制图方面，像对生成 DEM 以及制图精度可达 1:25 000。采用 10bit 量化等级，通过传感器侧视，重访周期为 5 天。

Cartosat-1 搭载两个 2.5m 空间分辨率的可见光全色波段摄像仪，沿轨道方向一个前视角 26°、一个后视角 5°，两个相机获取同一景影像的时间差仅为 52s，因此获取的立体像对的辐射效应基本一致，有利于立体观察和影像匹配。形成像对的有效幅宽为 26km，基线高度比为 0.62。Cartosat-1 另一个显著的特点是两个相机具有两套独立的成像系统，可以同时在轨工作，这样就能构成一个连续条带的立体像对，在地面情况良好时，该条带长度可达数千公里。

Cartosat-2 卫星（P7）于 2008 年 4 月成功发射，目前已成功接收到卫星影像。Cartosat-2 卫星没有延续 Cartosat-1 的双线阵 CCD 相机设计，而是采用的单线阵 CCD 相机，其全色影像分辨率为 1m，影像幅宽 9.6km。Cartosat-2 卫星具有前后左右最大侧摆 45°的能力，可以获取同轨或异轨立体影像，用于测图和三维地形建模。Cartosat 2 卫星重访周期为 4 天，必要的时候，通过轨道机动可以提高到 1 天。

3.3.9 ALOS 卫星

ALOS 卫星是日本的一颗高分辨率的陆地卫星，用于绘制日本和亚太地区国家的地表图，也用于监视、防灾和环境保护。ALOS 卫星上装载的 PRISM 是世界上第一台真正的星载三线阵测绘相机。PRISM 前、正、后视相机固定的几何关系，前视和后视相机的倾角为 ±23.8°，这样一来，基高比就设定在 1.0，非常适合立体成像。比较其他同类卫星所采用的通过单台相机前后摆动获得同轨立体而言，其几何关系更为固定，图形强度更好。ALOS 的三线阵相机的设计其具有很强的同轨立体成像能力，可以获取连续的立体像对，立体像对的幅宽也较宽，大约为 30km。ALOS 卫星不具备侧摆功能（左右方向侧视倾角最大为 1.2°），因此它的重访周期是同类卫星当中最长的，为 46 天。

为了匹配 PRISM 的高精度，ALOS 上还装有 3 台用于姿态测量的星跟踪器和 1 部精确定轨的双频 GPS 接收机，使得不用地面控制点就可以制作出精度非常高的数字高程模型。ALOS 卫星最初的设计出发点就是主要用于无控制点下，1:25 000 地形图的绘制，日本科学家通过实际验证，认为 ALOS 影像达到了这一目标。

3.3.10 EROS 卫星

EROS 是以色列的商业高分辨率遥感卫星系列，目前已成功发射的是 EROS-A 和 EROS-B 两颗卫星。EROS-A 于 2000 年发射，其全色影像的空间分辨率为 1.8m，通过采样技术可以提高到 0.9m，扫描幅宽是 14km。EROS-B 于 2006 年发射，其全色影像的空间分辨率为 0.7m，扫描幅宽只有 7km。EROS-A 和 EROS-B 的量化等级都是 11bit，影像包含信息丰富。EROS 卫星具有较高的重访周期，单颗卫星的重访周期为 2~4 天，两颗卫星组成的星座的则具有 1 天的重访周期。

两颗 EROS 卫星都具有侧视形成立体像对的能力，然而 EROS 卫星成像时采用的是非同步扫描方式（Asynchronous push broom）。成像时，视线角是变化的，这使得 EROS 影像的扭曲较大，在进行立体测图的时候需要更多的地面控制点，而且即使这样，精度也明显低于 SPOT-5 等其他卫星。

EROS-C 卫星是以色列 EROS 系列高分辨率卫星的第 3 颗星。计划中，EROS-C 卫星的全色影像的空间分辨率同 EROS-B 卫星一样，依然是 0.7m，但新增加了 4 个波段的多光谱影像，空间分辨率为 2.8m，影像的幅宽为 11km。

3.3.11 Resurs-DK1 卫星

Resurs-DK1 卫星是俄罗斯的第一颗高分辨率传输型民用对地观测遥感卫星，于 2006 年发射成功。Resurs-DK1 高分辨率全色影像和多光谱影像，其全色图像分辨率为 0.9～1.7m，彩色图像分辨率为 1.5～2m。该卫星一天内可以拍摄约 70 万平方千米的面积。Resurs-DK1 卫星影像还可以同时提供分辨率接近的全色影像与多光谱影像数据，融合影像效果好，影像信息丰富。

Resurs-DK1 遥感影像非常适用于地图制图，经正射处理后的制图精度满足 1:5 000 制图要求。卫星除提供 1m 全色数据外，还提供空间分辨率达 2m 的多光谱数据，影像不仅具有丰富的光谱信息，同时纹理细节丰富，二者融合可以获得信息更为丰富的影像，在植被类型、土地利用、矿产资源调查等方面具有很可观的应用前景。Resurs-DK1 不具备侧摆功能，不能获得立体影像，无法进行立体测图。Resurs-DK1 卫星能够为高纬地区提供高质量影像，这对于我国西部高纬地区的测图具有重要意义。

3.3.12 KOMPSAT 卫星

KOMPSAT 是韩国的多用途卫星系列，KOMPSAT-1 具有 7m 的地面分辨率，影像幅宽大约为 17km。KOMPSAT-2 卫星空间分辨率有较大提高，能够提供全色分辨率为 1m，多光谱分辨率为 4m，幅宽为 15km。KOMPSAT-2 卫星具有前后摆动（最大 30°）和左右侧摆（最大 56°）能力，可以获得同轨及异轨立体影像，具有立体测图能力。

3.3.13 ENVISAT 卫星

ENVISAT 卫星 2002 年 3 月由欧空局发射升空，2003 年 5 月正式投入运行。ENVISAT 卫星作为 ERS-1、ERS-2 雷达卫星的后续星，可以与 ERS-2 卫星数据形成异轨干涉模式。ENVISAT 卫星的星上传感器 ASAR 具有双极化、多模式等新特点，其数据的地面分辨率最高达 25m，可应用于水灾监测、作物估产、油污调查、海冰监测等方面。

与 ERS 的 SAR 传感器相比，ENVISAT-1 卫星 ASAR 传感器具有 5 种不同的成像模式，并能提供不同的入射角成像和极化方式。中国遥感卫星地面站是世界上第一个与法国 SpotImage 公司签署该卫星接收协议的地面站。目前，中科院遥感卫星地面站可以提供 Image 模式、AlternatingPolarisation 模式和 WideSwath 模式的 Level0 和 Level1B 产品。

3.3.14 Radarsat 卫星

Radarsat-2 卫星于 2007 年 12 月 14 日在哈萨克斯坦的拜科努尔航天发射基地成功发射。作为 Radarat-1 的后续星，Radarsat-2 除延续了 Radarsat-1 的拍摄能力和成像模式外，还增加了 3m 分辨率超精细模式和 8m 全极化模式，并且可以根据指令在左视和右视之间切换，由此不仅缩短了重访周期，还增加了立体成像的能力。此外，Radarsat-2 可以提供 11 种波束模式及大容量的固态记录仪等，并将用户提交编程的时限缩短到 4~12 小时，这些都使 Radarsat-2 的运行更加灵活和便捷。Radarsat-2 卫星可以与 Radarsat-1 卫星形成异轨干涉模式。中国科学院对地观测与数字地球科学中心与加拿大 MDA 公司已经签署协议，从 2008 年 7 月 4 日起，中科院对地观测中心正式分发加拿大 Radarsat-2 卫星数据。

在未来发展中，Radarsat-2 将与 Radarsat-1 进行组网，同时加拿大还计划发射 Radarsat-3，与 Radarsat-2 形成 SAR 星座，执行串联双星干涉地形测量任务。计划中，这两颗卫星飞行间距只有几千米，能以"同时单站和双站"模式获取干涉测量数据，得到全球范围内的地表数字高程，预计可达到约 2m 的相对高程精度和 10m 的标称位置间距。

3.3.15 COSMO 卫星

COSMO 卫星是意大利国防部与航天局合作项目发射的高分辨率雷达卫星。该项目被称做 COSMO-SkyMed 星座，由 4 颗 X 波段合成孔径雷达（SAR）卫星组成，主要用于地中海周边地区的险情处理、沿海地带监测和海洋污染治理，是一个军民两用的对地观测系统。目前已成功发射了 3 颗 COSMO 卫星进入轨道。

COSMO-SkyMed 雷达卫星的分辨率为 1m，扫描带宽为 10km，具有雷达干涉测量地形的能力。作为全球第一颗分辨率高达 1m 的雷达卫星星座，COSMO-SkyMed 系统将以全天候和全天时的对地观测的能力、卫星星座特有的高重访周期、1m 高分辨率为资源环境监测、灾害监测、海事管理及科学应用等相关领域的探索开辟更为广阔的道路。负责运营 COSMO 的意大利 e-GEOS 公司已经与国内公司达成合作协议，向国内用户分发 COSMO 数据，并提供项目解决方案。

3.3.16 TerraSAR 卫星

TerraSAR-X 是德国发射的固态有源相控阵的 X 波段合成孔径雷达（SAR）卫星，空间分辨率可高达 1m。TerraSAR-X 卫星在可控制雷达信号的发射、接收的方向及模式方面具有极高的灵活性。TerraSAR-X 重访周期为 11 天，通过有电子光束控制机制，对地面任一点的重复观测时间间隔可缩小至 4.5 天，90% 的地点可在 2 天内重访。同时，卫星具有 256G 的机上存储空间，并可实时下传，保证了极高影像获取效率。

TerraSAR-X 具有多种成像模式，能进行聚束式、条带式、扫描式成像，三种成像方式均可有多种极化。它的 3 种成像方式是：

（1）聚束式：1m 分辨率，覆盖范围 5×10km。
（2）条带式：3m 分辨率，覆盖范围 30×50km。
（3）扫描式：16m 分辨率，覆盖范围 100×150km。

TerraSAR-X 的高分辨率产品与服务可为很多地理信息应用提供数据，将能够精确测绘独立建筑、城市结构和基础设施（如公路、铁路沿线），应用于区域规划、灾害预防及监测（洪水监测等）、海洋和沿海区域观测，并能够利用雷达观测两极地区。TerraSAR-X 的雷达天线能够观测到运动物体并计算其速度，如在 TerraSAR-X 的影像中，可以观测到影像获取时，火车前行造成的位置变化。这种运动目标的监测能力是 TerraSAR-X 为卫星遥感数据用户提供的新应用方向。

3.4 国内遥感卫星系列

3.4.1 资源一号（CBERS）卫星

"资源一号"卫星也被称为中巴地球资源卫星（简称为 CBERS 卫星），是我国第一个传输型陆地光学遥感卫星系列。该卫星项目是中国和巴西两国政府的合作项目。卫星由中国空间技术研究院（CAST）和巴西空间技术研究院（INPE）联合研制，研制工作以中方为主（70%的份额）。1999 年 10 月 14 日首次发射成功并获得广泛应用，至今已成功发射了 3 颗卫星，获取了大量的观测数据，在国内外引起了很大的反响。中巴地球资源卫星的首发成功被两院院士评为 1999 年"中国十大科技进展"之一，国家领导人曾高度评价中巴资源卫星项目是"南南合作"的典范。

CBERS 卫星的技术发展可以分为两个阶段。第一个阶段是以 CBERS 01/02 星为代表，具有多光谱、红外以及中等分辨率，体现了 20 世纪 80 年代国际先进水平。第二个阶段是以 02B/03 星为代表，具有多光谱和高、中、低不同分辨率的综合遥感信息获取能力，体现 21 世纪初国际先进水平。

CBERS 01/02 星是我国第一代传输型地球资源卫星。该卫星位于 778km 高的太阳同步轨道上，轨道倾角 98.5°，重复周期 26 天。卫星上搭载了 3 种遥感相机观测地球，分别是 20m 分辨率、5 个波段的 CCD 相机，79m 分辨率、4 个波段的 IRMSS 红外扫描仪，以及 258m 分辨率、两个波段的广角成像仪。其中 CCD 相机依然具有侧摆±32°的能力，广角成像仪能够提供 890km 的宽视场覆盖。这两颗卫星设置多光谱观测、对地观测范围大、数据信息收集快，而且观测宏观、直观，因此，特别有利于动态和快速获取对地观测信息。CBERS 01 星于 1999 年 10 月 14 日成功发射，成功在轨运行 3 年 10 个月；CBERS 02 星于 2003 年 10 月 21 日发射升空，目前仍超期在轨运行。

CBERS-02B 卫星是我国第 1 颗民用高分辨率遥感卫星，CBERS-02B 卫星搭载的分辨率较高的仪器除了有空间分辨率 20m 的 CCD 相机和广角成像仪外，还搭载了空间分辨率 2.36m 全色相机 HR。其中 CCD 相机依然具有侧摆±32°的能力，可以实现灵活动态的监测，但由于分辨率的限制，很难获取立体像对用于高精度 DEM 的提取。全色相机 HR 具有很高的空间分辨率，其影像具有广泛的用途，但不具备侧摆功能，没有立体测图能力。在无地面控制点的情况下，CBERS-02B 卫星影像在进行几何纠正的平面定位精度是 200m 左右，在加入地面控制点后平面定位精度大概为 20m 左右。

我国计划将于 2010 年发射 CBERS 03 星。在 CBERS 系列卫星计划中，03、04 星将进一步增加一个具有侧摆能力的高分辨率的全色相机，其空间分辨率 5m，具有侧摆±32°的能力，这使得未来 CBERS 卫星具有较高的立体测图能力。该相机还能同时获取 10m 分辨率、3 个波段的光多谱影像。通过影像融合，可以提供高分辨率的彩色影像。

CBERS 系列卫星的传感器参数如表 3.3 所示。

表 3.3　　CBERS 系列卫星的传感器参数

平台	有效载荷	波段号	光谱范围（μm）	空间分辨率（m）	幅宽（km）	侧摆能力	重访时间（天）	数传数据率（Mbps）
CBERS-01/02	CCD相机	B01	0.45~0.52	20	113	±32°	26	106
		B02	0.52~0.59	20				
		B03	0.63~0.69	20				
		B04	0.77~0.89	20				
		B05	0.51~0.73	20				
	红外多光谱扫描仪（IRMSS）	B06	0.50~0.90	78	119.5	无	26	6.127
		B07	1.55~1.75	78				
		B08	2.08~2.35	78				
		B09	10.4~12.5	156				
	宽视场成像仪（WFI）	B10	0.63~0.69	258	890	无	5	1.1
		B11	0.77~0.89	258				
CBERS-02B	CCD相机	B01	0.45~0.52	20	113	±32°	26	106
		B02	0.52~0.59	20				
		B03	0.63~0.69	20				
		B04	0.77~0.89	20				
		B05	0.51~0.73	20				
	高分辨率相机（HR）	B06	0.5~0.8	2.36	27	无	104	60
	宽视场成像仪（WFI）	B07	0.63~0.69	258	890	无	5	1.1
		B08	0.77~0.89	258				
CBERS-03/04	全色多光谱相机（PAN）	B01	0.51~0.85	5	60	±32°	52	66.908
		B02	0.52~0.59	10				
		B03	0.63~0.69	10				
		B04	0.77~0.89	10				100.362
	多光谱相机（MUX）	B05	0.45~0.52	20	120	—	26	69
		B06	0.52~0.59	20				
		B07	0.63~0.69	20				
		B08	0.77~0.89	20				
	红外多光谱相机（IRS）	B09	0.50~0.90	40	120	—	26	17.486
		B10	1.55~1.75	40				
		B11	2.08~2.35	40				
		B12	10.4~12.5	80				
	宽视场成像仪（WFI）	B13	0.45~0.52	73	866	—	5	50
		B14	0.52~0.59	73				
		B15	0.63~0.69	73				
		B16	0.77~0.89	73				

3.4.2 资源二号卫星

"资源二号"卫星是我国的高分辨率传输型遥感卫星,由中国航天科技集团公司所属的中国空间技术研究院研制,主要用于国土资源勘查、环境监测与保护、城市规划、农作物估产、防灾减灾和空间科学试验等领域,曾荣获2003年度国家科技进步一等奖。资源二号卫星目前已成功发射了3颗,其中01、02、03星分别于2000年9月1日、2002年10月27日、2004年11月6日发射升空。

目前01星和02星仍处于超期正常运行状态,与03星组成对地观测星座。西安卫星测控中心采用复杂的控制技术和多星组网控制策略,经过观测控制和轨道维持,成功地将这组系列卫星以120°的相位差均匀分布在太阳同步轨道面上。3颗"资源二号"卫星组成卫星网,可以极大地提高卫星对地球的覆盖率,缩短观测周期,提升卫星的应用效能。"资源二号"系列卫星的组网成功,也表明我国已具备了对雏形星座的组网控制能力。

3.4.3 资源三号卫星

"资源三号"卫星是我国的测绘卫星系列。"资源三号"卫星的最主要的任务就是要实现立体测绘的功能,测制1:5万地图。因此,"资源三号"卫星采用了三视相机设计,分辨率为2m左右。前后视相机用于1:5万比例尺立体测图,预计在有地面控制点情况下,平面定位误差为25m,高程误差5~8m;无地面控制点情况下,平面定位误差为150m,高程误差150m。正视相机可以满足1:2.5万及更大比例尺的地图的修测和制作1:5万比例尺正射影像图的要求,并实现对02B的接续,以及和其他资源的卫星的兼容。同时,卫星还具有10m分辨率的正视多光谱相机,用于解决地图测绘中的地貌要素判读,还可以进行影像融合,制作高分辨率彩色正射影像。根据我国1:5万地形图的更新要求,"资源三号"卫星的重访周期设计为半年(180天),这样可以满足1:5万测图对卫星影像的20%~40%的需求。

"资源三号"卫星既能用来定位,也可以用来进行资源调查,因此它将在国民经济和社会发展的诸多行业和领域有着广泛的应用,可以用于气象服务、土地利用监测、地质调查、选矿找矿、水资源调查、生态林的遥感调查监测、农业普查监测、农情监测、精准农业、海域环境监测、重大工程的监测等工作、数字城市建设、城市规划;粮食安全、林火监测、资源环境,农情监测,洪涝灾害监测、赤潮监测、沙尘暴灾害监测、气象灾害监测、地震预报数据支持和灾后评估等多项服务。

3.4.4 环境与灾害监测预报小卫星星座

"环境与灾害监测预报小卫星星座"的建设目标就是要通过构建由多颗小卫星组成的星座,建立起先进的灾害与环境监测预警体系,实现大范围、全天候、全天时、动态灾害与环境监测。根据灾害和环境保护业务工作的需求,"环境与灾害监测预报小卫星星座"系统选择具有中高空间分辨率、高时间分辨率、高光谱分辨率、宽观测幅宽性能,能综合运用可见光、红外与微波遥感等观测手段的光学卫星和合成孔径雷达卫星组成来实现灾害和环境监测预报对时间、空间、光谱分辨率以及全天候、全天时的观测需求。

"环境与灾害监测预报小卫星星座"建设采用分步实施战略,第一步发射两颗光学小卫星和一颗合成孔径雷达小卫星(即"2+1"方案),初步形成对我国灾害和环境进行监测的能力。第二步实现由4颗光学小卫星和4颗合成孔径雷达小卫星组成的"4+4"星座方案，形成利用空间技术支持灾害和环境监测与预报的业务运行能力。

2008年9月6日，两颗光学遥感卫星——环境与灾害监测预报小卫星A、B星（简称HJ-1A和HJ-1B）已成功采用一箭双星的发射方法发射入轨，两颗卫星在空间中组成相差180°的星座系统，各传感器都开始运行良好，并顺利传回数据提供给国家减灾委、环境保护部等单位。即将发射的HJ-1C星将是一个雷达卫星，与A、B组成初步观测星座。

环境与灾害监测预报小卫星传感器参数如表3.4所示。

表3.4　　　　　　　　　　　　　HJ系列卫星的传感器参数

平台	有效载荷	波段号	光谱范围（μm）	空间分辨率（m）	幅宽（km）	侧摆能力	重访时间（天）	数传数据率（Mbps）
HJ-1A	CCD相机	B01	0.43~0.52	30	360（单台）	—	4	120
		B02	0.52~0.60	30	700（两台）			
		B03	0.63~0.69	30				
		B04	0.76~0.9	30				
	高光谱成像仪	—	0.45~0.95（110~128个谱段）	100	50	±30°	4	
HJ-1B	CCD相机	B01	0.43~0.52	30	360（单台）	—	4	
		B02	0.52~0.60	30	700（两台）			
		B03	0.63~0.69	30				
		B04	0.76~0.9	30				
	红外多光谱相机	B05	0.75~1.10	150（近红外）	720	—	4	60
		B06	1.55~1.75					
		B07	3.50~3.90					
		B08	10.5~12.5	300（10.5~12.5μm）				
HJ-1C	合成孔径雷达（SAR）	B01	9.375cm（S波段）	20 m	100（扫描模式）	31°~44.5°	4	160*2（8:3压缩）
				（4视，扫描模式）	40（条带模式）			
				5m（单视，条带模式）				

其组成的卫星星座如图 3.1 所示。

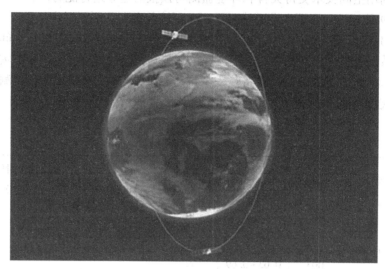

图 3.1 HJ-1A、B 卫星组成环境与减灾卫星星座

3.4.5 TS-1 卫星

TS-1 卫星是我国第一颗传输型的测绘微小卫星,由哈尔滨工业大学研制发射。TS-1 卫星上搭载了三线阵 CCD 相机,空间分辨率为 10m。三线阵 CCD 的设计使 TS-1 卫星影像可以进行立体测图,其立体像对能够获得相对高程精度 5~8m,相对平面精度 25m 的定位精度。对于境外目标点,无控制点下绝对定位精度约为 180m。

3.4.6 台湾福卫二号卫星

台湾"福卫二号"(ROCSAT-2)卫星是由台湾与合约商法国阿斯特里姆(Astrium)公司共同研发。阿斯特里姆公司负责卫星制造,台湾方面负责卫星的组装、整体测试等工作。"福卫二号"卫星于 2004 年 5 月从美国发射,是一颗高分辨率成像遥感卫星。该卫星位于 891km 高的太阳同步轨道上,轨道倾角 99.1°,每天可绕地球 14 圈,其上安装的高分辨率传感器包括 1 个全色波段和 4 个多光谱波段。福卫二号卫星具有较高的空间分辨率,全色影像的分辨率为 2m,4 个波段的多光谱影像分辨率为 8m,具有最小 24km、最大 62km 的影像幅宽。福卫二号卫星具有前后左右侧摆成像能力(最大 45°侧摆角),能够获得同轨或异轨立体像对,具有同时提供台湾及周边地区高清晰影像和 3D 立体测绘能力。

3.4.7 北京一号卫星

"北京一号"卫星由我国与英国的萨里卫星技术有限公司合作设计制造,于 2005 年 10 月 27 日在俄罗斯普列谢斯克卫星发射场成功发射。"北京一号"是一颗具有中高分辨率双遥感器的对地观测小卫星,卫星重量仅 166.4kg,轨道高度为 686km(升交点地方时 10:45)。卫星上搭载了高分辨率全色相机和中等多分辨率的多光谱相机。全色相机的分辨率为 4m，覆盖幅宽为 24km，影像的辐射分辨率为 10bit。全色相机具有±30°的沿轨侧摆能力，能够实现对地观测任务的快速响应和获取立体影像，全色相机具有 5~7 天的重访周期。多光谱相机能够获得绿、红、近红外三个波段的影像，其波谱范围与 Landsat TM 的 2、3、4 波段类似，影像的空间分辨率为 32m，辐射分辨率为 8bit。多光谱相机是目前全世界在轨卫星幅宽最宽的中分辨率多光谱相机，覆盖幅宽达到 600km×600km，重访周期为 2~3 天。"北京一号"卫星具有星上 244G 的存储容量，其数据在 S+X 频段上，实时传输回地面接收站。"北京一号"卫星在轨寿命 5 年（推进系统 7 年）。

在成功发射运行后的两年中，"北京一号"卫星已获取 4m 全色影像数据 300 多万平方公里，完成了 3 次全国基本无云的 32m 多光谱影像覆盖（平均云量<5%），并对重点地区进行了密集观测。"北京一号"卫星影像覆盖面广，时间分辨率高，重访周期短，数据影像信息丰富，可解译程度较高，图像的光谱信息丰富，纹理结构清晰，几何性能良好，进行大范围监测的优势极为明显，在监测土地利用/土地覆盖、国土资源调查等方面具有实用性，对现有全国土地利用数据库的更新，及在土地利用变化动态监测方面应用潜力巨大。"北京一号"小卫星的数据已广泛应用在土地利用、城市建设规划、生态环境、灾害监测、农业管理、地质调查、流域水资源调查、洪涝灾害、冬小麦播种面积监测、森林类型识别、城市规划监测和考古等方面，并为我国减灾救灾提供了数据依据。

同时，"北京一号"的多光谱中分辨率传感器还将参加国际灾害监测卫星网计划（DMC 计划），该计划所组成的对地观测星座是第一个用于灾害观测并由不同国家协作完成的国际灾害监测星座，DMC 计划是由来自欧洲、亚洲、非洲不同国家的 8 个组织组成，共同负责国际灾害监测星座的建造及运行。"北京一号"卫星通过参加 DMC 组网，可以进行广泛地国际合作，实现资源共享，技术互补，提高卫星数据的使用效率。

"北京一号"卫星在研制、发射和运行体制、机制上有所创新。在满足性能要求的前提下，采用市场机制组织和运作，以国际化的视野，选择国内外合作单位，用最快最省的方式组织小卫星的研制、发射和运行。其经验为我国遥感卫星的发射和应用开辟了一条新的道路。

3.4.8 清华一号微小卫星

"清华一号"卫星是我国第一颗实验性的微小卫星，是中国航天科工集团公司与清华大学联合成立的航天清华卫星技术有限公司，与英国萨瑞大学联合研制的。该卫星于 2000 年 6 月 28 日发射成功。

"清华一号"重量 50kg，位于轨道高度 700km 的太阳同步轨道，是我国首次在微小卫星平台上实现了三轴稳定控制，可以更加精确地控制卫星状态。该卫星采用模块化设计，功能密度比高。"清华一号"微小卫星可对地进行光学成像观测，搭载了 40m 分辨率光学相机，扫描宽度达 40km，并具有±19°侧视能力。

"清华一号"卫星影像上可以区分出耕地、林地、居民地、水体等土地类型，在城区内，可解译出建筑密度高、中、低三类建筑区，并能识别出一些地质走向。其卫星数据可以应用于土地资源调查、城市遥感综合调查、地质调查、国土资源综合调查、环境监测等方面。

3.5 遥感影像特征

3.5.1 中低分辨率遥感图像

中低分辨率遥感卫星的轨道高度相对较高，图像的覆盖范围大，重复覆盖同一地区的周期较短（时间分辨率高），该类影像的波段数相对较多，即光谱分辨率较高分辨率影像而言相对较高，故图像的色调和颜色是中低分辨率图像的一个重要判读标志。在中低分辨率遥感图像上，地物的形状特征是经过自然综合概括的外部轮廓，它忽略了地物外形的细节信息，突出表现了目标地物宏观几何形状特征，如山脉的走向、水系的形态特征等。此外，在该类遥感影像上，地物的纹理特征反映了自然景观中的内部结构，如沙漠中流动沙丘的分布特点和排列方式。中低分辨率遥感图像由于其覆盖范围大、时间分辨率高等特点，被广泛应用于资源调查、气象监测、森林火灾监测、海洋污染监测、冰雪灾害监测等方面。

3.5.2 高分辨率遥感图像

与传统的中、低空间分辨率遥感影像相比，高分辨率遥感影像具有以下特点：

（1）单幅影像的数据量显著增加。例如，一幅地面覆盖面积为 11.7km×11.7km 的全色波段的 IKONOS 影像可达 80MB，而一幅多波段彩色影像则高达 250MB。

（2）高分辨率影像的空间分辨率很高，影像上地物目标的结构、形状、纹理和细节信息更加突出。在高分辨率遥感影像上，纹理信息揭示了目标地物的细部结构或物体内部成分，可以看到地物形态特征的更多细节，如飞机场内的飞机与停机坪等。

（3）高分辨率遥感图像的几何定位精度相对较高，尤其对于 GIS 用户而言，高分辨率影像可以为 GIS 数据采集与更新提供更详细、更丰富的语义和几何信息，是生成正射影像图（DOM）和数字高程模型（DEM）的重要数据源，可用来绘制、更新较大比例尺的地图。如从 1m 分辨率的遥感影像上可以清晰地识别出房屋、候车台、人行道等地物，可以替代传统的航空摄影测量方法绘制城市 1:7 000 的地图，也可替代传统测量方法用于产生市政资产清查的基础地图。

（4）高时间分辨率。高分辨率卫星系统在保持较高空间分辨率的同时，也保持了较高的时间分辨率，它可以在几天内重复获取同一地区的影像，使得动态监测地表环境的运动变化和人类活动成为可能。

3.6 遥感图像质量评价

遥感卫星影像在成像或传输过程中可能会出现几何畸变、信息量减少，并附加额外噪声而引起影像质量的下降。遥感影像质量的优劣直接影响其后续产品如数字线画图、数字高程模型等的质量。通过质量评价可以对影像的获取、处理等各环节提供监控手段，同时影像质量评价还对遥感器的检校具有指导意义。

数字影像的质量由几何质量、构像质量和元数据质量三方面构成，其中几何质量描述了影像能正确恢复原始景物位置和形状能力；构像质量反映了影像对某一波谱段的敏感能力和能为目视分辨相邻两个微小地物提供足够反差的能力；元数据是描述数据的数据，数字影像相应元数据文件的完整与可靠程度直接影响数字影像的应用范围。

在购买遥感影像时，首先应该明确影响成像和接收的参数范围，如影像的云雾覆盖量、影像成像侧视角、影像接收倾角，以及影像的成像时间等。在满足这些要求的情况下，获取影像后，可采取以下方法进一步评价其质量。

3.6.1 目视评价

主要由经验丰富的解译员通过目视来判断影像光谱信息是否丰富，纹理结构是否清晰，影像的云雾量的多少，影像的对比度和反差如何，是否存在局部的几何失真、变形，以及镶嵌影像有无明显的接缝、色彩过渡是否自然等。判断影像中能否清楚地分辨出各种地物类型，满足目视解译要求。

3.6.2 定量评价

1. 影像直方图

直方图是一种很有用的遥感信息图形表达方式。在许多遥感研究中，经常要显示和分析每个波段的直方图。直方图能够为分析人员提供一种原始数据质量的评价方式，如影像对比度的高低和实际影像是否具有多峰性等。直方图经常被用于影像增强的效果评价（Jahnen，2007；Gonzalez 和 Woods，2002）。

2. 查看影像中特定位置和地理区域的像元亮度（Jensen，2007）

查看影像中单个像元亮度值是数据质量和信息量评价的有效手段之一。事实上，所有的数字影像处理系统都允许分析人员进行以下操作：

（1）鼠标在影像栅移动显示该点对应地理坐标和 n 波段上单点的亮度值；

（2）以矩阵（栅格）形式显示单波段上像元的亮度值。

根据以上功能，可以根据地理位置，考察特定地物的像元亮度值来评价影像的质量。对于小面积内地理区域，可以采用将地理区域内各个像元的亮度值生成伪三维表达，进行可视化观察评价影像质量。

3. 影像的一元统计学描述

影像的一元统计学指标主要有以下几种：

（1）方差：

$$\sigma^2 = \frac{1}{M \cdot N} \sum_{i=0}^{M-1} \sum_{j=0}^{N-1} (f(i,j) - \mu)^2 \tag{3.1}$$

其中，$f(i,j)$ 是像素灰度值；μ 是影像灰度均值。方差是反映影像整体灰度分布的统计量：方差越大，对比度越大；反之，若方差小，则对比度也小。

（2）平均梯度（清晰度）：

$$\nabla \bar{g} = \frac{1}{(M-1) \cdot (N-1)} \sum_{i=0}^{M-1} \sum_{j=0}^{N-1} \sqrt{(\nabla_i^2 f(i,j) + \nabla_j^2 f(i,j))/2} \tag{3.2}$$

式中 $f(i,j)$、$\nabla_i f(i,j)$ 和 $\nabla_j f(i,j)$ 分别为像点灰度及其在行、列方向上的梯度；M 和 N 分别为影像的行、列数。一般来说，平均梯度越大，表明影像越清晰，反差越好，但平均梯度受影像噪声的影响很大。

（3）信息熵：

$$H(x) = -\sum_{i=0}^{L-1} P_i \log(P_i) \tag{3.3}$$

式中 L 为影像的最大灰度级，P_i 为影像上像元灰度值 i 的概率。熵是从信息论角度反映影像信息丰富程度的一种度量方式。

（4）均方误差：

$$MSE = \frac{1}{M \cdot N} \sum_{i=0}^{M-1} \sum_{j=0}^{N-1} (\tilde{b}(i,j) - b(i,j))^2 \tag{3.4}$$

MSE 可以用于诸如恢复、压缩、传输等过程中结果影像与原始影像间的相对质量评价。式中 MSE 表示均方误差，$\tilde{b}(i,j)$ 和 $b(i,j)$ 分别表示原始影像与结果影像在 (i,j) 处的像素灰度。

（5）峰值信噪比：

$$PSNR = 10\log_{10}\left(\frac{2^N * 2^N}{MSE}\right) \tag{3.5}$$

其中，MSE 是均方误差；N 是影像的灰度级。峰值信噪比也是用来评价影像经压缩、传输、复原处理前后的质量变化情况，其本质与均方误差相同。

4. 多波段影像多元统计分析

遥感影像通常提供多个波段的影像。计算波段之间的多元统计量是非常有用的，比如通过计算多个波段之间的协方差和相关性，可确定各个观测值是如何协同变换的，进而评价多波段影像的冗余度。

（1）多波段协方差分析：

$$cov_{kl} = \frac{\sum_{i=1}^{n}(B_{ik} - \mu_k)(B_{il} - \mu_l)}{n-1} \tag{3.6}$$

其中，B_{ik}、B_{il} 分别是第 k、l 波段第 i 个像素灰度值；μ_k、μ_l 是两个波段的灰度均值。协方差是两个变量关于其均值的关联变化，可以确定一个波段像素亮度与另一个波段的亮度值的变换关联程度。

（2）相关系数：

$$r_{kl} = \frac{cov_{kl}}{s_k s_l} \tag{3.7}$$

其中，cov_{kl} 是两个波段的协方差，s_k、s_l 分别为两个波段的方差。相关系数是一个比值，是一个无量纲的数，因此它可以不受量纲影响的评价不同波段间的相关程度。

（3）空间特征图：

空间特征图一般是采用二维空间特征图。二维空间特征图是提取两个波段的所有像元亮度值，并且将其出现频率描绘在 $2^N * 2^N$（N 是影像的灰度级）特征空间中，数值对出现的频率越大，特征空间像元越亮。这样可以通过直观的显示判断影像波段间的相关程度，一般来说，在二维空间中，点云看起来像一顶倾斜的帽子（见图3.2（b））时，说明两个波段间没有太多冗余信息；当点云呈现一个相对狭窄的椭圆（见图3.2（a））时，说明两个波段间的相关程度较高。

5. 影像几何质量评价

对遥感影像的几何质量检查主要是采取地面检查点来进行的。在影像上选定一定数量

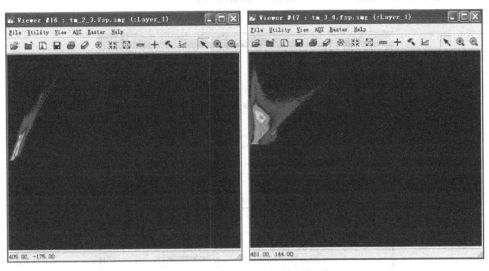

(a) 第2波段和第3波段的二维特征空间图　(b) 第3波段和第4波段的二维特征空间图

图3.2　武汉地区 Landsat TM 影像特征空间图

的检查点,利用 GPS 或其他手段得到检查点的一组高于正射影像精度的坐标,将这组坐标与影像上判读出来的检查点坐标比较,利用两者的坐标差描述影像的几何质量。地面检查点的选择应遵循易于辨认、分布均匀的原则。其计算指标用均方根误差表示:

$$
RMSE_x = \sqrt{\frac{\sum (X_i - X_c)^2}{n}} \\
RMSE_y = \sqrt{\frac{\sum (Y_i - Y_c)^2}{n}}
\tag{3.8}
$$

其中,X_i、Y_i 是从影像上获取的检查点坐标,X_c、Y_c 是利用其他手段获取的高精度坐标数据。N 是检查点的个数。

对于正射影像,也可以将其与更高一级精度的地图进行叠加,通过两者的符合性进行检查。

另外,还可以采用计算影像的调制传递函数和对影像进行统计学分析等方法对影像质量进行评价。

3.7　遥感图像认知实验

下面主要从遥感图像的空间分辨率、纹理结构信息、色调信息、特征空间分析这四个方面介绍基于 ERDAS 软件的遥感图像辨认实验。

3.7.1　遥感图像文件信息操作

(1) 在 ERDAS 图标面板中单击 Viewer 图标,打开 dmtm.img 影像。

(2) 在工具条单击文件信息图标，打开 ImageInfo 窗口(见图3.3),在 General 面板中，可以查看影像的文件、图层和地图坐标系信息。

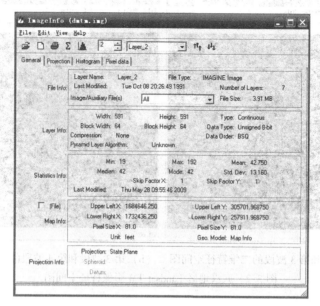

图 3.3　ImageInfo 窗口

（3）单击 Edit | Compute Statistics，计算影像统计信息（见图 3.4），并将影像的方差、均值、最大值、最小值等统计信息显示在 Statistics Info 中。

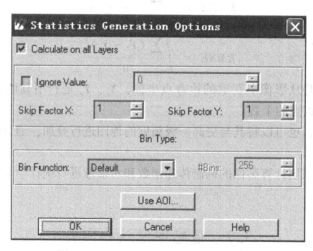

图 3.4　Statistics Generation Options 窗口

（4）单击 View | Histogram，查看影像的直方图。如图 3.5 所示，TM 影像的第 2 波段的像素灰度集中在低亮度区，而第 6 波段的像素灰度集中在高亮度区，这对于影像的颜色显示、分类时特征提取都具有一定影响。

（5）在 Projection 面板中可以查看影像的投影信息，在 Pixel Data 面板中可以查看具体某个像素值的灰度值。

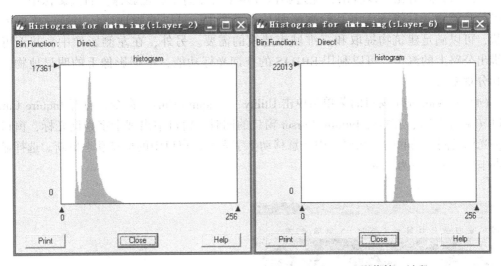

(a) TM 影像第 2 波段　　　　　　　(b) TM 影像第 6 波段

图 3.5　Landsat TM 影像不同波段的直方图显示

3.7.2　遥感图像空间分辨率认知

1. 实验数据

北京某地 IKONOS 全色影像：IKONOS_ image.img

南京某地 SPOT-5 全色影像：SPOT5_ image.img

2. 实验步骤

(1) 在 ERDAS 图标面板中双击 Viewer 图标，打开两个窗口（Viewer#1/Viewer#2），并单击 ERDAS 图标面板菜单条中的 Session｜Tile Viewers 命令。

(2) 在 Viewer#1 窗口中打开 IKONOS 全色影像 IKONO_ image.img。

(3) 在 Viewer#2 窗口中打开 SPOT-5 全色影像 SPOT-5_ image.img，如图 3.6 所示。

图 3.6　IKONOS 影像和 SPOT-5 影像的空间分辨率认知

从两图直观对比可以看出，左边影像分辨率明显高于右边影像。右边影像中，对于房屋等建筑物，只能辨认出其轮廓，而左边影像中，可以清晰地辨认出每一栋房屋的形状，可以满足建筑物提取和三维城市建模的需要。另外，在左侧影像中，甚至可以分辨出公路上的汽车。可以利用 ERDAS 的查询光标功能，根据影像上的明显地物，估算其分辨率。

（4）在 Viewer#1 窗口的菜单条单击 Utility | Inquire Cursor 命令，打开 Inquire Cursor 窗口（见图 3.7），在打开 Inquire Cursor 窗口的同时，窗口中出现十字查询光标，窗口与十字光标是同步关联的，在窗口中任意移动十字光标，窗口中的信息动态更新。选择显示像点坐标，坐标系为 File。

图 3.7　IKONOS 影像的光标查询

（5）利用光标查询功能获取遥感影像上典型地物目标的像素个数，在 Viewer#1 窗口中移动十字查询光标至典型地物目标（如汽车、道路等）的起始位置，如图 3.7 所示，Inquire Cursor 窗口显示了十字光标当前所在位置像元的纵横坐标。然后将十字光标移至地物目标的结束位置，读取 Inquire Cursor 窗口中坐标信息。比较这两次的坐标记录值，则可以得到该地物目标影像沿 X 方向和 Y 方向的像素个数。

（6）通过比对典型地物目标的影像像素个数和实物大小，估计影像的空间分辨率。利用步骤（5）对 Viewer#1 和 Viewer#2 中的影像典型地物进行像素个数估算，并与其真实大小进行比较分析，可以估算出影像的空间分辨率。例如根据 Viewer#1 窗口中小汽车在图像中所占像素个数（3~4 个像素）和其真实长度（3.5~4m），可以估算出 Viewer#1 中影像的分辨率在 1m 左右。同时利用 Viewer#2 中道路和桥梁的真实宽度在影像中所占的像素个数，可以估算出 Viewer#2 中影像的分辨率在 2.5m 左右。

3. 比较分析

比较分析同一地区不同空间分辨率的遥感卫星影像特征。如表 3.5 和图 3.8 所示。

表 3.5

	IKONOS-2	KOMPSAT-1	IRS-1C
空间分辨率	1m	6.6m	5.8m
辐射分辨率	11bit	8bit	6bit

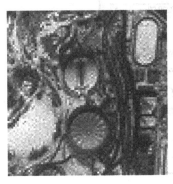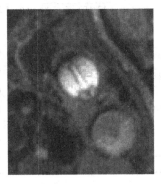

KOMPSAT-1　　　　　　IRS-1C　　　　　　IKONOS-2

图 3.8　同一地区不同空间分辨率的遥感卫星影像

3.7.3　遥感影像纹理结构信息认知

1. 实验数据

北京某地 IKONOS 多光谱影像：IKONOS.img
北京某地 QuickBird 多光谱影像：QuickBird.img
武汉某地 Landsat TM 多光谱影像：tm.img

2. 实验步骤

（1）对实验图像分别进行纹理增强。

① 在 ERDAS 图标面板菜单条，单击 Main | Image Interpreter | Spatial Enhancement | Texture 命令，打开 Texture 对话框，如图 3.9 所示。

② 确定输入图像（Input File）。

③ 设置输出图像路径及名称（Output File）。

④ 选定文件坐标类型（Coordinate Type）。

⑤ 通过在 ULX/Y、LRX/Y 中输入坐标范围，确定处理范围（Subset Definition），其中，默认的处理范围为整幅图像。此外，处理范围也可以通过采用 Inquire Box 在图像中定义子区来确定。

⑥ 设置输出选项（Output Options）以及数据类型（Data Type）。

⑦ 设置统计输出数据信息时是否忽略零值（Ignore Zeros in Output Stats）。

⑧ 单击 OK 按钮，执行图像纹理增强。

（2）图像纹理分析。

① 在 ERDAS 图标面板中双击 Viewer 图标，打开两个窗口（Viewer#1/Viewer#2），并单击 ERDAS 图标面板菜单条中的 Session | Tile Viewers 命令。

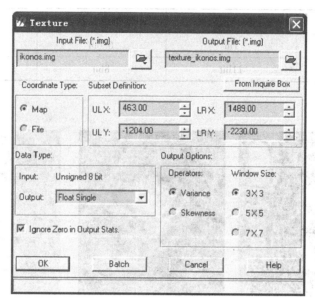

图 3.9 Texture 对话框

② 在 Viewer#1 窗口中打开 IKONOS 纹理增强影像。
③ 在 Viewer#2 窗口中打开 QuickBird 纹理增强影像，如图 3.10 所示。

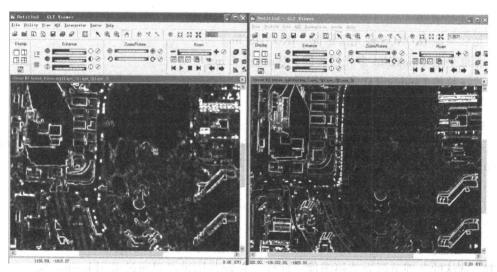

图 3.10 IKONOS 和 QuickBird 多光谱影像纹理对比分析

④ 对纹理增强后 IKONOS 和 QuickBird 多光谱影像进行对比分析。由图 3.9 可以看出，IKONOS 影像和 QuickBird 影像的纹理结构信息很丰富，但相对而言，QuickBird 影像由于其分辨率更高、影像质量更好，故其纹理更加细腻、细节特征和道路等线状地物更明显。

⑤ 在 ERDAS 图标面板中单击 Viewer 图标，打开 Viewer#3 窗口，在 Viewer#3 窗口中

打开 Landsat TM 纹理增强影像，如图 3.11 所示，与 IKONOS 和 QuickBird 纹理增强影像相比，TM 影像的纹理较为粗糙，地面细节不清晰，只能粗略的区分地物的轮廓。

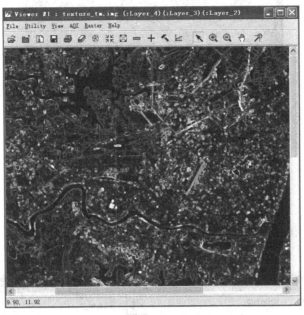

图 3.11　Landsat TM 纹理增强影像

3.7.4　遥感影像色调信息认知

色调或颜色是指图像的相对明暗程度（相对亮度），在彩色图像上色调表现为颜色。色调是地物反射、辐射能量强弱在影像上的表现。地物的属性、几何形状、分布范围和规律都通过色调差异反映在遥感图像上，因而可以通过色调差异来识别目标、辨别影像类型。

1. 不同波段组合的遥感影像色调信息

（1）单击 ERDAS 图标面板工具栏 Viewer 图标，打开 Landsat TM 影像 dmtm.img，如图 3.11 所示，ERDAS 中默认的 Landsat TM 影像打开采用第 4、3、2 波段组合的形式，即彩红外合成影像。图 3.12 中健康植被表现出暗红色，因为植物的光合作用吸收了大多数入射的红绿光，而反射了近一半入射的近红外能量；高密度的城区在近红外、红光、绿光的反射比例大致相等，所以显示为青灰色；湿地区域表现为带绿色的暗褐色。

（2）在菜单条单击 Raster | Band Combinations 命令，打开 Set Layer Combinations 窗口（见图 3.13）。

（3）在 Set Layer Combinations 窗口改变红、绿、蓝通道对应的多波段图像通道号，将 TM 第 3、2、1 波段分别置于红、绿、蓝影像处理存储器中则可对应 TM 真彩色影像，如图 3.14 所示。

（4）在 Set Layer Combinations 窗口改变红、绿、蓝通道对应的多波段图像通道号，将 TM 第 4（近红外）、5（中红外）、3 波段分别置于红、绿、蓝影像处理存储器中，则波段组合结果如图 3.15 所示，这种组合能够很好地区分陆地与水体的边界。

图 3.12 Landset TM 彩红外影像（第 4、3、2 波段组合）

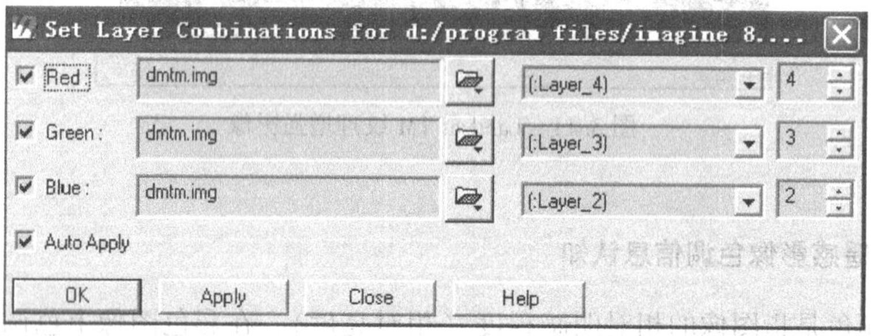

图 3.13 Set Layer Combinations 窗口

图 3.14 Landsat TM 真彩色影像（第 3、2、1 波段组合）

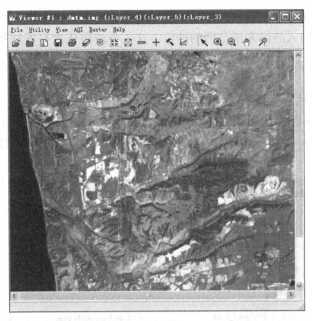

图 3.15 Landsat TM 的第 4、5、3 波段组合

(5) 在 Set Layer Combinations 窗口改变红、绿、蓝通道对应的多波段图像通道号，将 TM 第 7、4、2 波段分别置于红、绿、蓝影像处理存储器中，则波段组合结果如图 3.16 所示。许多分析人员喜欢这种组合方案，因为植被表现为熟悉的绿色，城区表现为变化的紫红色，深绿色区域对应高丘林地，而绿褐色区域是湿地，同时，中红外 TM 第 7 波段有助于区分植被和土壤的水分含量。

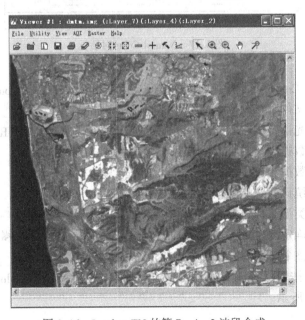

图 3.16 Landsat TM 的第 7、4、2 波段合成

2. 自然色彩变换

自然色彩变换就是模拟自然色彩对多波段数据进行变换，输出自然色彩图像。在变换过程中关键是 3 个输入波段光谱范围的确定，这 3 个波段依次是近红外、红、绿，如果 3 个波段定义不够恰当，则转换以后的输出图像也不可能是真正的自然色彩（党安荣，2003）。

ERDAS 中自然色彩变换的操作一般过程如下：

（1）在 ERDAS 图标面板菜单条，单击 Main | Image Interpreter | Spectral Enhancement | Natural Color 命令，打开 Natural Color 对话框（如图 3.17 所示）。

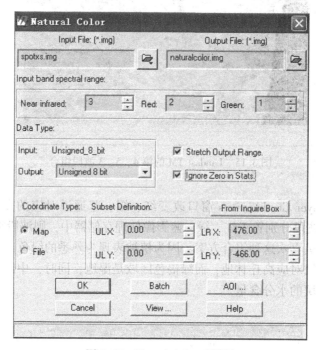

图 3.17 Natural Color 对话框

（2）在 Natural Color 对话框中，确定输入文件（Input File）为 spotxs.img。

（3）定义输出文件（Output File）为 naturalcolor.img。

（4）确定输入光谱范围（Input Band Spectral Range）为 NI：3 / R：2 / G：1。

（5）设置输出数据类型（Output Data Type）为 Unsigned 8 bit。

（6）拉伸输出数据，选中 Stretch Output Range 复选框。

（7）输出数据统计时忽略零值，选中 Ignore Zero in Stats 复选框。

（8）文件坐标类型（Coordinate Type）为 Map。

（9）处理范围确定（Subset Definition），在 ULX / Y、LRX / Y 微调框中输入需要的数值（默认状态为整个图像范围，可以应用 Inquire Box）。

（10）单击 OK 按钮（关闭 Natural Color 对话框，执行 Natural Color 变换），生成的真彩色影像如图 3.18 所示。

图 3.18　SPOT-5 真彩色影像

3.7.5　遥感影像特征空间分析

特征空间影像实际上是一个二维直方图，其形状可以显示影像两个波段间相关性的大小。在 ERDAS 中进行影像特征空间分析一般按照以下步骤进行：

（1）在 ERDAS 主面板单击 Classifier，在弹出菜单中单击 Signature Editor 选项，弹出 Signature Editor 窗口菜单条，单击 Feature | Create | Feature Space Layers 命令，打开 Create Feature Space Images 窗口（见图 3.19）。

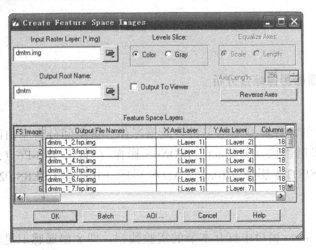

图 3.19　Create Feature Space Images 窗口

(2) 确定输入图像文件名（Input Raster Layer）为 dmtm.img。

(3) 确定输出图像文件根名（Output Root Name）为 dmtm。

(4) 选中 Output To Viewer 复选框以便生成的输出特征空间图像自动在一个窗口中打开，选择 Level Slice 选项组中的 Color 单选按钮。

(5) 在 Feature Space Layers 中选择特征空间图像为 dmtm_1_2.fsp.img 和 dmtm_4_7.fsp.img。

(6) 单击 OK 按钮，打开生成特征空间图像的进程状态条。

(7) 进程结束后，打开特征空间图像窗口（见图 3.20）。从图中可以看出，第一波段和第二波段的特征图长而狭窄（见图 3.20 左图），说明 TM 影像的第一波段和第二波段间相关性较大，数据存在冗余；第四波段和第七波段的特征图像一顶倾斜的帽子（见图 3.20 右图）时，说明两个波段间相关性较小，没有太多冗余信息。当处理影像波段较多，需要选择处理时，可以采用这种方法选择相关性较低的波段进行处理。

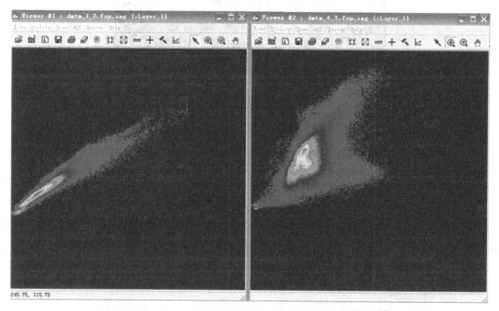

图 3.20 不同波段组合特征图对比

3.7.6 多源遥感影像综合分析

1. 实验数据

目前在轨运行的几种典型遥感卫星多光谱影像，按空间分辨率由高到低的顺序，包括：QuickBird 多光谱影像（2.44m）、IKONOS 影像（4m）、IRS-P6（5.8m）、台湾"福卫二号"（8m）、SPOT-5 影像（10m）、ALOS 影像（10m）、CBERS-02B 影像（19.5m）、Landsat TM（30m）。

2. 实验步骤

(1) 依次在 Viewer 窗口中打开本节的实验数据，即 8 幅遥感卫星多光谱影像，如图 3.21 所示。

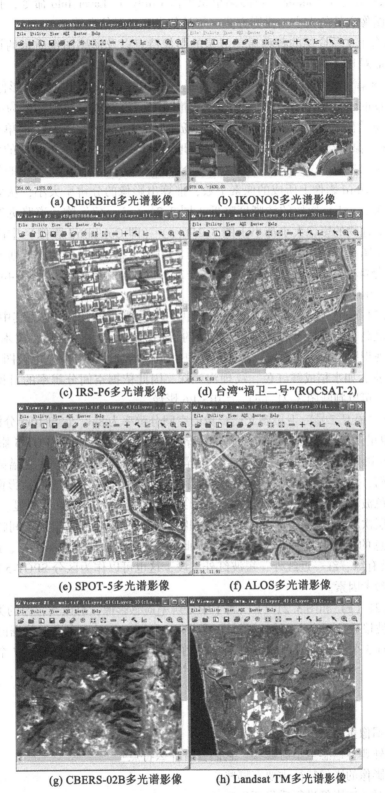

图 3.21 目前在轨运行的各种典型遥感卫星多光谱影像

(2) 依次在每个 Viewer 窗口的菜单条单击 Utility | Layer Info 命令，打开 ImageInfo 窗口，查阅图像文件的大小、投影方式、统计信息和显示信息等。

(3) 结合上文所介绍的各种遥感卫星的影像特点以及遥感图像质量的评价方法，根据影像的特征对其区别、辨认。

① 在这 8 幅影像中，最易辨认出的当属 QuickBird 影像和 IKONOS 影像。如图 3.21 (a) 所示，QuickBird 影像最为清晰，影像质量最好，道路等线状地物最为突出，可以清楚地看到地物形态特征的更多细节，如停车场和道路上的汽车、草坪上的单棵树木等。由于 QuickBird 影像的空间分辨率为 2.44m，故地面上长宽为 2.44m×2.44m 的地物在 QuickBird 影像上成像为一个像素，因此可以依据分析者熟悉的典型地物如汽车的长度、道路的宽度等在 QuickBird 影像上所成的像素个数，推算出影像的分辨率大小，从而辨认出影像的类型。图 3.21 (b) 影像的清晰度略低于图 3.21 (a)，建筑物、道路宽度，以及停车场内的汽车等地物的影像大小都小于图 3.21 (a)（即 QuickBird 影像）中的相应地物大小，这是由于图 3.21 (a) 的空间分辨率高于图 3.21 (b) 而导致的。依据类似于图 3.21 (a) 的影像分辨率估算方法，可以推算出图 3.21 (b) 的影像分辨率在 4m 左右，故图 3.20 (b) 为 IKONOS 影像。

② 图 3.21 (c) ～图 3.21 (h) 为不同卫星传感器的彩红外影像，其中图 3.21 (c) 影像分辨率最高，图像最为清晰，可以清楚的目视解译出房屋、农田、树木等地物信息，甚至可以目视识别出田间的田埂、小路等信息，图像的纹理细节信息也较图 3.21 (d) ～ (h) 更加丰富，如水稻成鲜红色，纹理沟纹深，因此依据空间分辨率的目视估计以及纹理色调信息，可以判断图 3.21 (c) 为 IRS-P6 影像。

③ 台湾"福卫二号"卫星多光谱影像的空间分辨率为 8m，它与 10m 分辨率的 SPOT-5 和 ALOS 卫星多光谱影像相比，影像略微清晰。图 3.21 (e) 的 SPOT-5 影像和图 3.21 (f) 的 ALOS 影像比较类似，它们的空间分辨率都为 10m，但 ALOS 多光谱数据各个波段的能量不均衡，均值差异较大，影像合成时存在偏色现象，在 ALOS 原始影像上，无论多光谱还是全色波段，均存在条带噪声，但在合成影像上，条带现象不明显。此外，ALOS 数据的图像层次不及 SPOT-5 丰富，但在纹理特征方面，反映地物类别空间特征的差异特性和纹理信息的丰富程度均比 SPOT-5 强。此外，ALOS 具有蓝、绿、红、近红外波段，而 SPOT-5 具有绿、红、近红外、短波红外波段，这也可以作为区分 SPOT-5 影像和 ALOS 影像的一个参考因素。

④ 图 3.21 (g) 和图 3.21 (h) 属于中分辨率遥感影像，对该类影像的类型可以从空间分辨率、波段数这两个方面加以辨认，例如 CBERS-02B 卫星多光谱数据的空间分辨率为 19.5m，有 5 个波段数据；Landsat TM 影像的空间分辨率为 30m，共有 7 个波段。

3.8 习　　题

1. 遥感图像主要有哪几种类型？
2. 国内外典型遥感卫星有哪些？它们各有什么特点？
3. 遥感影像的影像特征主要有哪些？
4. 如何对遥感影像进行质量评价？

第4章 遥感图像输入/输出

4.1 实习内容及要求

本章首先介绍遥感图像元数据的概念和作用、遥感图像的常见记录格式及其常见的显示方式，并在此基础之上介绍遥感图像的输入/输出，以及遥感图像的各波段数据的组合显示操作。要求通过本章实习能够掌握利用 ERDAS 实现不同遥感图像格式间的转换、遥感图像的显示以及多波段遥感图像的组合显示。

4.2 遥感图像元数据

根据美国联邦地理数据委员会（FGDC）和国际标准化组织的地球信息委员会（ISO TC211）提出的定义，元数据（Metadata）是关于数据内容、质量、条件以及其他特征的数据。元数据是关于数据集的描述与说明，能够为应用系统提供辅助信息，对于数据的后期处理以及数据共享尤为关键。当其概念细化到遥感图像这一层次来讲就是描述遥感图像数据的数据。通常来讲，遥感图像元数据一般包括图像的以下描述信息：图像文件名、传感器类型、量化等级、行列数、波段数、地理参考信息、像元尺寸以及图像一元统计量（均值以及标准差等统计量）等信息（Jensen，1996）。

FGDC 已经建立了严格的遥感图像元数据标准以作为国家空间数据基础设施的一部分。并要求所有给公众提供遥感数据的联邦机构都遵从已经建立的元数据标准。目前，世界上几乎所有商业遥感数据提供者都采用 FGDC 的遥感影像元数据标准。图 4.1 和图 4.2 分别为福建省某区域的 P5 全色影像，以及其在 ERDAS 中显示的影像基本元数据，包括基层信息、各波段统计信息以及地理投影信息等描述信息。

卫星遥感影像的元数据一般以元数据文件的形式和影像文件一起分发。下面以 SPOT 数据产品的 Metadata 文件为例，说明元数据文件的一般格式。SPOT 的 Metadata 元数据文件为 XML 格式，可以用任何文本编辑器中打开阅读。其文件名为 Metadata.dim，包含详细的卫星辅助信息，如元数据的 ID 号、影像数据集的 ID 号、影像数据集的范围（角点经纬度坐标、行列坐标、中心点经纬度坐标和行列坐标、影像方位角）、影像行列数、影像获取时间、影像参考坐标系统、卫星在影像成像前后的 8~10 个位置的坐标、速度和时间、Doris 系统测定的卫星位置坐标、速度和时间、原始的和经过改正的卫星姿态角和变化率等。

DIM 文件是 XML 格式，采用一系列简单的标记描述数据，以标记加数据的形式记录卫星辅助信息，标记之间可以层层嵌套，如图 4.3 所示。

DIM 文件中主要的一级标记有：

图 4.1　福建某地区的 P5 全色影像

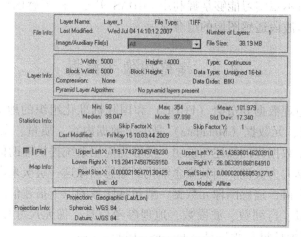

图 4.2　该区域的元数据信息

```
<Data_Strip>
    <Ephemeris>
        <Points>
            <Point>
                <Location>
                    <X>-7.5936251135e+05</X>
                    <Y>4.9531453244e+06</Y>
                    <Z>5.1679739542e+06</Z>
                </Location>
            </Point>
        </Points>
    </Ephemeris>
</Data_Strip>
```

图 4.3　DIM 文件的 XML 标记嵌套

（1）<Metadata_Id> </Metadata_Id>，标记 DIM 文件的版本信息。

（2）<Dataset_Id> </Dataset_Id>，标记对影像数据集的简单描述，如数据集的名称、时间、预览文件等。

（3）<Dataset_Frame> </Dataset_Frame>，标记影像的地理范围，如影像的边界多边形地理点和中心点。

（4）<Coordinate_Reference_System> </Coordinate_Reference_System>，标记影像的参考坐标系统。

（5）<Raster_CS> </Raster_CS>，标记影像坐标系。

（6）<Geoposition> </Geoposition>，标记影像坐标系和地理参考坐标系的关系，通过一系列连接点以简单多项式模型实现。

（7）<Image_Display> </Image_Display>，标记影像显示参数，如波段数、量化等级等。

（8）<Production> </Production>，标记影像产品处理信息，如影像产品的等级、处理时间等。

（9）<Dataset_Sources> </Dataset_Sources>，标记影像数据源信息，包括影像的 ID、传感器、成像时太阳入射角、成像时传感器侧视角、影像压缩方法等。

（10）<Raster_Dimensions> </Raster_Dimensions>，标记影像范围，主要是行列数和波段数。

（11）<Raster_Encoding> </Raster_Encoding>，标记影像编码信息，如比特数、灰度数据类型、存储格式、是否压缩等。

（12）<Data_Access> </Data_Access>，标记影像文件的格式、名称等。

（13）<Data_Processing> </Data_Processing>，标记影像处理信息，如影像处理等级、灰度拉伸、改正方法等。

（14）<Image_Interpretation>，标记数据文件是影像还是 DTM，影像是全色还是多光谱，影像的辐射改正信息等。

（15）<Data_Strip> </Data_Strip>，标记当前影像的处理辅助信息，如卫星的星历（位置和速度）、卫星姿态角及其变化率、传感器视线角、成像时间信息、影像范围、影像行列数、传感器定标信息、无效扫描行信息等。

4.3 遥感图像格式

遥感技术被应用以来，遥感数据采用过较多的格式。随着遥感图像波段数的增加以及国际上相应标准格式的出现，为了遥感数据更高效地被分发与利用，遥感数据的记录格式也逐渐规范化。目前遥感数字图像的记录格式主要有下述几种。

1. BSQ 格式

按波段次序记录（Band Sequential Format，BSQ）格式是按遥感图像的波段次序来进行遥感数据记录的一种格式。该格式将每个单独波段中全部像元值按顺序放在一个独立的数据块中，每个数据块都有各自开始和结束记录标记，各波段的数据块按顺序进行排列记录。数据块的个数对应于遥感图像中的波段数（赵英时，2003）。

2. BIL 格式

逐行按波段次序记录（Band Interleaved by Line，BIL）格式是将遥感图像按各行像元的 n 个波段进行顺序记录的一种格式。如果某遥感图像中包括三个波段，则在按 BIL 格式进行数据记录时，首先记录第一波段的第一行像元值，接着记录第二波段的第一行像元值，然后记录第三波段的第一行像元值，在所有波段的第一行像元值记录完毕后，则按上述波段顺序接着记录第二行像元值，以此类推，直到所有行记录完毕。BIL 格式记录中只存在一个图像数据记录块。

3. BIP 格式

逐像元按波段次序记录（Band Interleaved by Pixel，BIP）格式是将遥感图像按各单独像元的 n 个波段进行顺序记录的一种格式。与 BIL 格式类似，如果某遥感图像中包括三个波段，则按 BIP 格式进行记录时，首先记录第一波段的第一个像元值，记坐标为 (1, 1)，接着记录第二波段的第一个像元值，然后记录第三波段的第一个像元值，在所有波段的第一个像元值记录完毕后，则按上述波段顺序接着记录第二个像元值 (1, 2)，以此类推，直到所有像元都记录完毕。同 BIL 格式一样，BIP 格式记录中也只存在一个图像数据记录块。

4. HDF 格式

HDF 格式是由美国国家高级计算应用中心（NCSA）定义的一种不必转换格式就可以在不同处理平台间传递的新型数据格式，MODIS，MISR 等遥感影像就是采用该记录格式。

HDF 主要包括 6 种数据类型：栅格图像数据、调色板、科学数据集、HDF 注释、Vdata（数据表）、Vgroup（相关数据组合）。HDF 采用分层式数据管理结构，并通过所提供的"总体目录结构"可以直接从嵌套的文件中获得各种信息。因此，打开一个 HDF 文件，在读取图像数据的同时可以方便的查取到其地理定位、轨道参数、图像属性、图像噪声等各种信息参数。

除了遥感专用的数字图像格式之外，为了更加方便于不同遥感图像处理平台间的数据交换，遥感图像常常会被转换为各处理平台间的图像公共格式，比如常用的 TIFF、JPG 以及 BMP 等格式（孙家抦，2003）。标签化图像文件格式（TIFF）格式由于其具有良好的多用途可扩展性能，而且还支持图像的多种压缩方案，因而 TIFF 格式成为目前应用最为广泛的遥感图像格式之一。

4.4 遥感图像格式转换

在进行遥感图像处理时，往往需要在不同处理平台或处理模块之间进行数据交互共享。由于不同平台之间处理所支持的格式各不相同，为了处理的方便，就必须进行不同遥感图像格式间的转换。

ERDAS 的数据输入输出功能提供了非常丰富的遥感图像转换功能，在支持多种遥感图像数据间进行格式相互转换的同时，也支持将多种格式转换为 ERDAS 中的 ".img" 以及 ".img" 格式转换为其他多种数据格式。目前，ERDAS 9.1 支持的输入数据格式多达 70 多种，可以输出的数据格式近 30 种，几乎包括了所有的常用的栅格和数据格式（党安荣，2003）。表 4.1 列出了实际图像处理过程中 ERDAS 所支持的常用的图像数据格式。

表 4.1　常用的图像输入/输出格式

数据输入格式	数据输出格式
GeoTIFF	GeoTIFF
TIFF	TIFF
BMP	BMP
JPEG	JPEG
GIF	GIF
HDF	HDF
BIL	BIL
BIP	BIP
BSQ	BSQ
PNG	PNG
RAW	RAW
IMG	IMG

遥感图像格式的输入/输出操作见本章 4.7 实验操作部分。

4.5　遥感图像显示

遥感图像数据的图像显示是对遥感图像进行初步的质量评价、信息获取以及图像理解等的基础。显然，遥感图像显示在遥感图像的处理过程是不可或缺的。有关图像显示的原理无需赘述，这里介绍与遥感图像显示的主要影响因素以及图像显示的不同方式。

1. 遥感图像显示影像因素

遥感图像的显示主要与下列三个因素有关：

（1）图像以及显示设备辐射分辨率。

目前，遥感图像的辐射分辨率一般为 8bit，但是随着新型遥感系统的出现，已经出现了量化等级为 9bit 甚至 12bit 的遥感影像。遥感图像的辐射分辨率越高，遥感图像显示表达细节的能力也就越强。除此之外，显示设备的辐射分辨率也是影响遥感图像显示的重要因素。1bit 分辨率的显示器仅能显示黑白图像，对于遥感图像的高质量彩色显示则要求显示器有更高的辐射分辨率。

（2）色彩坐标系统。

在图像处理中，常用的色彩坐标系统有 RGB 和 HIS 坐标系统。面向硬件设备（如彩色显示器等）的最常用色彩坐标系统是 RGB 坐标系统，而面向彩色处理的最常用色彩坐标系统是 HIS 坐标系统。根据色度学原理，任何一种彩色均可由 R、G、B 三基色按适当比例合成，遥感数据的显示也一般采用 RGB 色彩坐标系统。

（3）彩色编码表。

彩色编码表（Color Look Up Table，CLUT）是位于图像处理器内缓冲区中的一个块表，其根据已定义好的函数把输入的像元值实时地变换为 RGB 组合值。遥感图像的显示严格受到 CLUT 的大小和特征控制。

2. 图像显示的不同方式

（1）灰度图像显示。

灰度图像实际上是把遥感的全色或单波段影像中不同像元值按 0~255（取 8bit 图像为例）的渐变顺序映射到 LUT 表中，该表中每个元素对应相同的 R、G、B 值，如 (0, 0, 0) 显示为黑色，(128, 128, 128) 显示为灰色，(255, 255, 255) 显示为白色。将图像中所有像元映射完毕后，显示为一幅从黑到白渐变的灰度图像。

（2）伪彩色图像显示。

伪彩色图像同样是遥感全色或单波段图像的一种显示方式，其实质是把灰度图像的各灰度值按一定的线性或非线性函数关系映射成相应的彩色。由于在指定的量化等级下，LUT 中存储的选择色的数量有限，因而伪彩色图像显示的色彩范围也比较有限。

（3）假彩色图像显示。

假彩色图像实际上是一种多波段图像组合显示方式。将遥感图像的任意三个波段中对应像元的亮度值取出，然后映射到 CLUT 表中的 R、G、B 三基色分量，最后生成彩色合成影像。如果所选的三个波段不对应于光谱中的红、绿、蓝三个波段，则该彩色合成影像被称为假彩色影像。

（4）真彩色图像显示。

真彩色图像与假彩色图像的显示过程类似，当所选的三个波段分别对应于红、绿、蓝三个波段时，所合成的彩色图像由于接近于天然色彩而被称为真彩色影像。

图 4.4 为辽宁省某区域的福卫-2 影像的四种不同显示方式的显示效果。

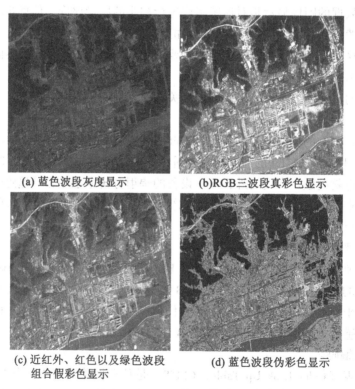

(a) 蓝色波段灰度显示　　(b) RGB三波段真彩色显示

(c) 近红外、红色以及绿色波段组合假彩色显示　　(d) 蓝色波段伪彩色显示

图 4.4　多波段遥感数据显示

4.6 波段组合

从本质上来讲,多波段遥感图像的各个波段均为灰度图像,遥感成像系统的辐射分辨率决定了各种不同地物间的辐射差异。而对人眼来讲,其对于灰度图像的灰度级分辨能力只有 20~60(谢凤英,2008),而对于彩色的色彩和强度分辨能力则远强于灰度。其次,相同的地物在不同的波段组合上会有着不同的色彩显示,适当的波段组合能够使得用户感兴趣的目标特征更加明显突出,这对于图像的分类解译有着重要意义。

根据图像彩色显示的原理,波段数选择的不同以及波段组合顺序的不同都会引起由于各波段的像元值映射到 CLUT 表中的 R、G、B 三基色分量的不同而造成最终不同波段组合间彩色显示差异。例如在图 4-3 中,植被在 R、G、B 三波段组合中显示为绿色,而在近红外、红色以及绿色三波段组合中显示为红色。

图 4.5 为某区域 TM 影像的 7 个波段的 4 种不同波段组合。

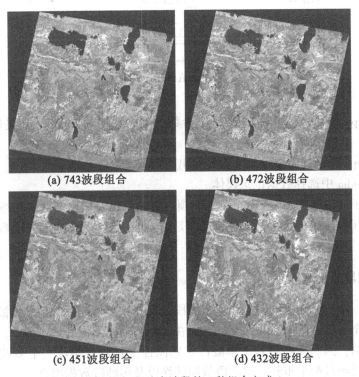

(a) 743波段组合　　(b) 472波段组合

(c) 451波段组合　　(d) 432波段组合

图 4.5　TM7 个波段的 4 种组合方式

4.7　实验操作

4.7.1　数据输入输出

数据输入输出的操作一般过程如下:

（1）单击 ERDAS 图标面板工具栏上的 Import/Export 图标或菜单中的 Main—Import/Export，启动图 4.6 中的数据输入输出对话框。

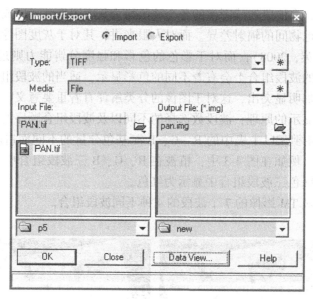

图 4.6　Import/Export 对话框

（2）在 Import/Export 对话框中，确定参数为输入数据（Import）还是输出数据（Export）。

（3）在 Type 中选择需要输入或者是输出的数据类型。

（4）在 Media 中选择数据记录媒体。

（5）分别在 Input File 以及 Output File 项设置输入以及输出文件名和路径。

（6）单击 OK 按钮，执行格式转换或者是进入下一级参数设置。（随数据类型的不同而不同）。

4.7.2　波段组合

一般来讲，用户所购买的卫星影像多波段数据在大多情况下为多个单波段普通二进制文件，对于每个文件还附加一个头文件。而在实际的遥感图像处理过程中，大多是针对多波段图像进行的，因而需要将若干单波段遥感图像文件组合生成一个多波段遥感图像文件。该过程需要经过两个步骤：单波段数据转换以及多波段数据组合。

1. 单波段数据转换

单波段数据转换步骤如下：

（1）在 Import/Export 中，设置输入数据类型为 Generic Binary，并设置输入以及输出文件名和路径。

（2）单击 OK 按钮，弹出如图 4.7 所示的 Import Generic Binary Data 对话框。

（3）在 Import Generic Binary Data 对话框中，根据所附加的头文件中的参数设置相应的数据记录格式，数据类型以及数据行列数等参数。

（4）单击 Preview 预览图像转换结果，如果结果正确，则单击 OK 进行数据格式的转

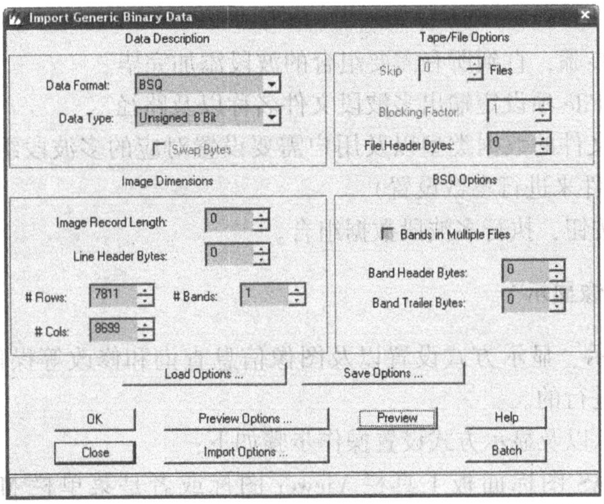

图 4.7 单波段数据转换

换,否则需要重新核查对应的参数设置。

2. 多波段数据组合

多波段数据组合的操作步骤如下:

(1) 依次单击 ERDAS 图标面板工具栏 Interpreter 图标—Utilities—Layer Stack 或者是菜单栏 Main—Image Interperter—Utilities—Layer Stack,启动如图 4.8 所示的 Layer Selection and Stacking 对话框。

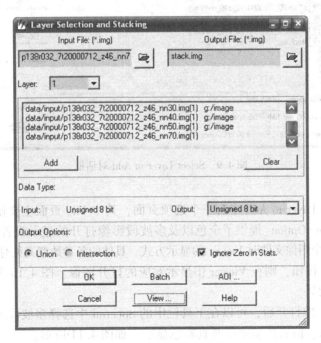

图 4.8 多波段数据组合

（2）在 Input File 项打开单波段文件，打开完毕后单击 Add 按钮，添加该波段数据记录。

（3）重复第二步骤，直到所有需要组合的波段添加完毕。

（4）在 Output File 项设定输出多波段文件名称以及路径。

（5）根据数据文件的数据类型以及用户需要设置对应的多波段组合其他参数（可以参见对应的 Help 文件来进行参数设置）。

（6）单击 OK 按钮，执行多波段数据组合。

4.7.3 遥感图像显示

遥感图像的显示、显示方式设置以及图像信息查询和修改等操作都是在 ERDAS 的 IMAGINE Viewer 中进行的。

遥感图像的显示以及显示方式设置操作步骤如下：

（1）单击 ERDAS 图标面板工具栏 Viewer 图标或者是菜单栏 Main—Start IMAGINE Viewer，启动 GLT Viewer 窗口。

（2）单击 Viewer 窗口中工具栏的打开按钮或菜单栏 File—Open—Raster Layer，启动如图 4.9 所示的 Select Layer to Add 对话框。

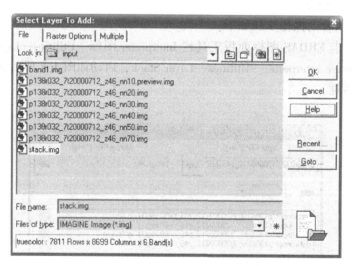

图 4.9 Select Layer to Add 对话框

（3）在 Select Layer to Add 中有三个选项页面，其中 File 页面主要使用户能够指定打开文件对象，Raster Options 提供了全色以及多波段影像打开的显示设置，Multiple 则提供了当用户选择了多个图像文件时 Viewer 的显示方式。具体的各参数意义见对应的 Help 文件。

（4）单击 OK 按钮，则在 Viewer 中显示对应的打开图像。图 4.10 为辽宁省某区域的福卫-2 影像显示效果。

（5）当遥感影像打开后，可以在工具栏中的 Spectral 中选择多波段遥感图像的显示方式，包括灰度显示、假彩色显示以及真彩色显示。如图 4.11 所示。

（6）在 GLT Viewer 中，单击菜单栏 Utility—Layer Info 或菜单栏对应的 Layer Info 图标，启动如图 4.12 所示的 ImageInfo 视图。

图 4.10 遥感影像的显示

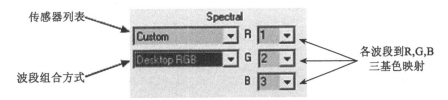

图 4.11 遥感影像各波段组合显示设置

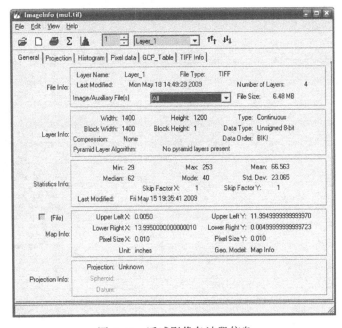

图 4.12 遥感影像各波段信息

（7）通过其提供的 ImageInfo 来查询与图像相关的图像大小、像元值、图像投影以及图像直方图等信息。同时，用户可以在 ImageInfo 中进行图层重命名、图层删除、投影信息修改等操作。

4.8 习　　题

1. 图像显示有哪几种方式？其影响因素有哪些？
2. 为什么要进行波段组合？波段组合的意义是什么？
3. 为什么不同的波段组合顺序会造成图像的不同彩色显示效果？

第 5 章 遥感图像增强

5.1 实习内容及要求

遥感图像增强是为了改善遥感图像的视觉效果,提高图像的可解译性,而有目的的突出遥感图像中的某些信息,削弱或去除不需要的信息的遥感图像处理方法。它是遥感图像处理中的基本内容。

根据处理空间的不同,遥感图像增强技术可以分为两大类:空间域增强和频率域增强。空间域增强是以对图像像元的直接处理为基础的。而频率域增强则通过将空间域图像变换到频率域,并对图像频谱进行分析处理,以实现遥感图像增强。

在本章实习中,应掌握以下内容:

(1) 了解遥感图像增强的概念、原理,掌握遥感图像增强方法的多种方法;
(2) 掌握直方图的概念、生成方法,通过对不同图像直方图的比较,理解直方图所反映的图像性质;
(3) 了解图像傅里叶变换及主成分变换的概念,及其在遥感图像处理中的应用;
(4) 针对不同目的,熟练运用 ERDAS 软件进行遥感图像增强。

5.2 直方图统计及分析

直方图是对图像中灰度级的统计分布状况的描述,反映了图像中每一个灰度级与其出现概率之间的关系。设数字图像的灰度范围为 $[0, L-1]$,共有 N 个像元,每一个灰度级的像元个数为 n_i,则任意灰度级出现的频率 $P_i = \dfrac{n_i}{N}$,以灰度级为横轴,相应的 P_i 为纵轴,即可绘制出图像的灰度直方图。

直方图能够客观地反映图像所包含信息,如对比度强弱、是否多峰值等,是多种空间域遥感图像处理的基础。图像特征不同,其直方图分布状态也不同,图 5.1 显示了几幅不同特征的遥感图像及其直方图。

图 5.1 (a) 图像偏暗,直方图的组成部分集中在低灰度区;
图 5.1 (b) 图像较亮,直方图则倾向于高灰度区;
图 5.1 (c) 图像对比度较低,直方图分布范围较窄;
图 5.1 (d) 图像对比度较高,直方图分布范围较宽。

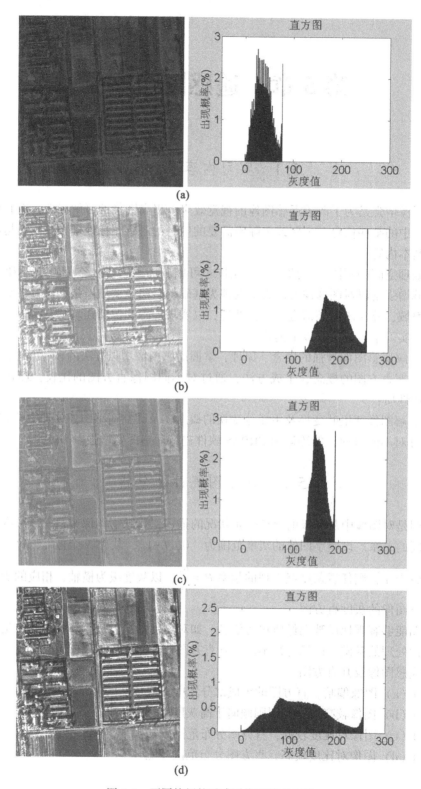

图 5.1 不同特征的遥感图像及其直方图

5.3 反差调整

反差调整是最基本、最常用的遥感图像增强技术，它主要通过改变图像灰度分布状况，以达到改善图像质量的目的。常用的反差调整的方法主要有线性变换、分段线性变换、非线性变换等。

1. 线性变换

线性变换是最简单的反差调整方法之一。其基本思想就是按比例拉伸原始图像灰度等级范围，从而达到改善图像视觉效果的目的。线性变换可以通过一个线性函数实现，如图 5.2 所示，其表达式为（孙家抦，2003）：

$$g(x, y) = Af(x, y) + B \tag{5.1}$$

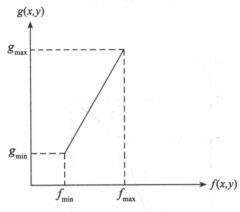

图 5.2 线性变换示意图

式中：$f(x, y)$ 和 $g(x, y)$ 分别表示变换前后图像像元的灰度值；A、B 为常数分别表示变换斜率和偏移量，可以按下式来确定：

$$A = \frac{g_{\max} - g_{\min}}{f_{\max} - f_{\min}} \tag{5.2}$$

$$B = -Af_{\min} + g_{\min} \tag{5.3}$$

式中：$f_{\max}$、$f_{\min}$、$g_{\max}$、$g_{\min}$ 分别表示变换前后图像像元的最大最小灰度值。

图 5.3 显示了对唐山某地 SPOT-5 遥感影像进行线性变换前后的对比效果。

由于遥感图像的复杂性，线性变换往往难以满足要求，因此在实际应用中更多地采用分段线性变换，以增大感兴趣目标与其他目标之间的反差，其示意图如图 5.4 所示。

2. 密度分割

将图像灰度值等间隔地分割为若干离散灰度层，并对每一层赋以新的灰度值或颜色，即可实现图像密度分割。进行密度分割时，需要首先指定输出图像的灰度值范围以及密度分割层数，建立梯状查找表（如图 5.5 所示），使输出的每一个灰度层具有相同数目的输入灰度级（ERDAS，2005）。

对图 5.3（a）进行密度分割（分割层数为 3），结果如图 5.6 所示。

（a）原始图像　　　　　　　　（b）线性变换后图像

图 5.3　图像线性变换

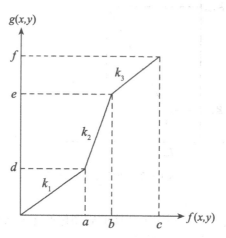

图 5.4　分段线性变换示意图

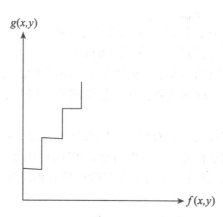 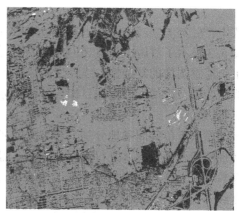

图 5.5　密度分割示意图　　　　图 5.6　图像密度分割

3. 灰度反转

图像灰度反转是增强嵌入图像暗区里的细节特征的常用方法之一。设数字图像灰度范围为 $[0, L-1]$，则灰度反转的表达式为：

$$g(x, y) = L - 1 - f(x, y) \tag{5.4}$$

式中，$g(x, y)$ 与 $f(x, y)$ 分别代表变换后和变换前的像元灰度值。

图 5.7 显示了对图 5.3（a）进行灰度反转的结果。

图 5.7　图像灰度反转

4. 其他非线性变换

非线性变换的函数还有很多，如对数变换、指数变换、平方根变换、三角函数变换等，其中最常用的是对数变换和指数变换。

（1）对数变换。

如图 5.8（a）所示，对数变换的表达式为：

$$g(x, y) = b \cdot \lg[af(x, y) + 1] + c \tag{5.5}$$

式中，$g(x, y)$ 与 $f(x, y)$ 分别代表变换后和变换前的像元灰度值；a，b，c 为常数，分别控制变换曲线的变化率、起点、截距等，以增加变换的灵活性和动态范围的可选择性。对数变换常用于扩展低灰度区（暗区）、压缩高灰度区（亮区）的对比度，以突出隐藏在暗区影像中的某些地物目标。

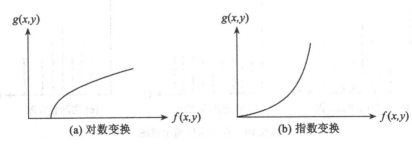

图 5.8　对数变换与指数变换示意图

（2）指数变换。

如图 5.8（b）所示，指数变换的表达式为：

$$g(x, y) = b \cdot e^{a \cdot f(x, y)} + c \tag{5.6}$$

式中，各参数的意义与对数变换相同。指数变换效果与对数变换相反，能突出亮区的差异而抑制暗区对比度，因此如果感兴趣的地物目标主要分布在亮区，则可以采用指数变换。

图 5.9 显示了对图 5.3（a）进行指数变换的结果。

图 5.9　图像指数变换

5.4　直方图均衡

直方图均衡化是将一已知灰度概率密度分布的图像，经过某种变换，变成一幅具有均匀灰度概率密度分布的新图像。其实质是对图像进行非线性变换，重新分配图像像元值，使一定灰度范围内像元数目大致相等（孙家抦，2003）。如图 5.10 所示。

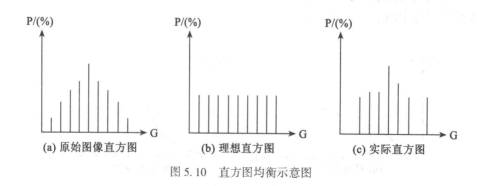

图 5.10　直方图均衡示意图

理论上，经过直方图均衡后各灰度级的像元数都相等（如图 5.10（b）所示），但由于数字图像的离散性，实际上只是近似相等（如图 5.10（c）所示）。

图 5.11 为图 5.3（a）直方图均衡化后的结果。

图 5.11　图像直方图均衡

5.5　正 交 变 换

正交变换是信号分析中的重要内容，它是多种遥感图像处理的基础。常用的遥感图像正交变换包括傅里叶变换、K-L 变换等。

5.5.1　傅里叶变换

傅里叶变换是图像处理中最基础的变换之一，它通过在空间域和频率域来回切换图像，可以将某些复杂的空间域图像处理转化为简单有效的频谱特征分析与提取，大大简化了图像处理过程，被广泛应用于图像增强、图像分析、图像复原等领域中。

数字图像可以用二维的离散信号 $\{f(x, y) \mid x=0, 1, \cdots, M-1, y=0, 1, \cdots, N-1\}$ 来表示，其傅里叶变换的定义为：

$$F(u, v) = \frac{1}{MN} \sum_{x=0}^{M-1} \sum_{y=0}^{N-1} f(x, y) e^{-j2\pi(ux/M+vy/N)} \tag{5.7}$$

式中，$u=0, 1, \cdots, M-1$，$v=0, 1, \cdots, N-1$，称为频率变量，j 为虚数单位，即 $j=\sqrt{-1}$。

从式（5.7）可以看出，变换所得 $F(u, v)$ 成分复杂，为了简便起见，在图像处理中，常用以下两个量来对其进行表征：

傅里叶谱：$|F(u, v)| = [R^2(u, v) + I^2(u, v)]^{1/2}$ \hfill (5.8)

相位谱：$\phi(u, v) = \arctan\left[\dfrac{I(u, v)}{R(u, v)}\right]$ \hfill (5.9)

其中，$R(u, v)$ 和 $I(u, v)$ 分别为 $F(u, v)$ 的实部和虚部。

图 5.12 显示了对某地区 IKONOS 影像进行傅里叶变换前后的空间域和频率域图像，其中频率域图像上的明暗程度表示相应傅里叶谱的大小。

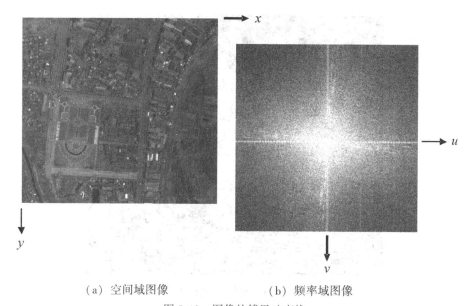

(a) 空间域图像　　　　(b) 频率域图像

图 5.12　图像的傅里叶变换

将图像由空间域变换回频率域采用的是傅里叶逆变换，其公式为：

$$f(x, y) = \sum_{u=0}^{M-1} \sum_{v=0}^{N-1} F(u, v) e^{j2\pi(ux/M + vy/N)} \tag{5.10}$$

5.5.2　主成分变换

主成分变换是遥感图像处理中最常用的变换之一，是一种基于统计特征的多维正交线性变换，它是由 Karhunen 和 Loeve 首先提出的，因而也称为 K-L 变换。在遥感图像处理中，它通过一个变换矩阵将原始具有相关性的多波段图像转换为一组完全独立的较少的几个波段所组成的新图像——主成分图像，广泛地应用于图像压缩、图像融合等领域。其变换过程可用下式表示：

$$Y = TX \tag{5.11}$$

式中，X 为原始图像各波段组成的向量，即 $X = [X_1, X_2, X_3, \cdots, X_n]$，其中 n 为原始图像波段数，Y 为变换产生的向量，T 为变换矩阵，其计算方法如下：

首先计算向量 X 的协方差矩阵 $\sum x$：

$$\sum x = \begin{bmatrix} \delta_{11}^2 & \delta_{12}^2 & \cdots & \delta_{1n}^2 \\ \delta_{21}^2 & \delta_{22}^2 & \cdots & \delta_{2n}^2 \\ \vdots & \vdots & \vdots & \vdots \\ \delta_{n1}^2 & \delta_{n2}^2 & \cdots & \delta_{nn}^2 \end{bmatrix} \tag{5.12}$$

然后求出 $\sum x$ 的 n 个特征值并将它们按从大到小进行排序，即 $\lambda_1 > \lambda_2 > \cdots > \lambda_n$，而后解求其对应的特征向量 u_i，设 $U = (u_1, u_2, \cdots, u_n)$，则 U 的转置即为变换矩阵 T，即 $T = U^T$。

此时，由式(5.11)即可得到变换后主成分图像 Y，Y 的每一个行向量 Y_i 都称为一个主成分，其中第一主成分 Y_1 所包含的信息量最大，其他主成分所包含的信息量逐级减少，一般情况下前三个主成分图像所包含的信息量可达原始图像信息量的97%以上，其余几个基本为噪声。

图 5.13(a)显示了某地区 TM 影像按波段432组合的伪彩色合成图，图 5.13(b)为对该图像进行主成分变换(3个主成分)后的伪彩色合成图。

(a) 原始图像　　　　　　　　　　(b) 主成分图像

图 5.13　图像主成分变换

5.6　低通滤波

低通滤波是在频率域上进行图像平滑的方法。通过傅里叶变换，将图像由空间域变换至频率域后，图像上的噪声主要集中在高频部分，为了去除噪声改善图像质量，可以采用低通滤波的方法来削弱或抑制高频部分而保留低频部分，其基本表达式如下：

$$G(u, v) = H(u, v) \cdot F(u, v) \tag{5.13}$$

式中，$F(u, v)$ 为原始图像的频率域表示；

$G(u, v)$ 为平滑处理后的频率域图像；

$H(u, v)$ 表示低通滤波器。

常用的低通滤波器有理想低通滤波器、梯形低通滤波器、Butterworth 低通滤波器、指数低通滤波器、Bartlett 低通滤波器等，其示意图分别如图 5.14（a）～(e)所示。其中，D_0 表示截止频率，$D(u, v)$ 是 (u, v) 到频率域原点的距离，即 $D(u, v) = (u^2 + v^2)^{1/2}$。

图 5.15 显示出了理想低通滤波前后的福州某地区的 IRS-P5 影像。

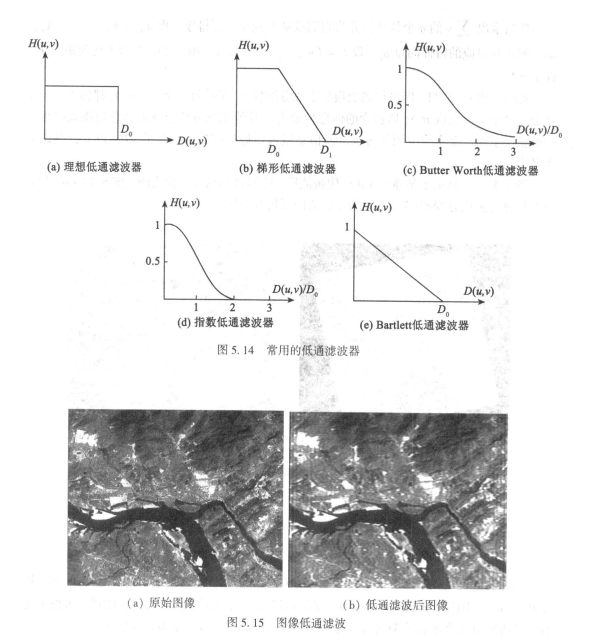

图 5.14 常用的低通滤波器

(a) 原始图像　　　　(b) 低通滤波后图像

图 5.15 图像低通滤波

5.7 高通滤波

为了达到突出图像边缘和细节信息的目的，常常需要采用高通滤波的方法来削弱低频成分而保留高频成分。常用的高通滤波器与低通滤波器相似，主要有理想高通滤波器、梯形高通滤波器、Butterworth 高通滤波器、指数高通滤波器、Bartlett 高通滤波器等，其示意图分别如图 5.16（a）~（e）所示。

采用 Butterworth 高通滤波器对图 5.15（a）进行处理，结果如图 5.17 所示。

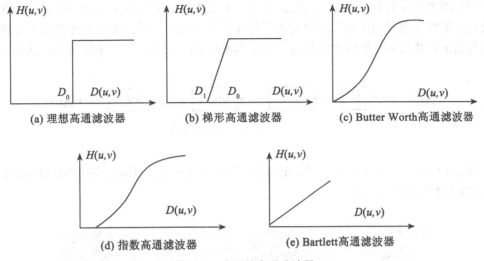

图 5.16 常用的高通滤波器

图 5.17 图像高通滤波

5.8 同态滤波

同态滤波是频率域图像增强的最常用的方法之一,它通过对图像同时进行灰度范围压缩和对比度增强,以达到改善图像质量的目的。同态滤波常用于揭示阴影区细节特征。

根据遥感图像成像原理,图像 $f(x,y)$ 是由入射分量 $i(x,y)$ 和反射分量 $r(x,y)$ 两部分组成的,即:

$$f(x, y) = i(x, y) \cdot r(x, y) \tag{5.14}$$

对上式两端取对数,则有

$$\ln f(x, y) = \ln i(x, y) + \ln r(x, y) \tag{5.15}$$

由于入射分量 $i(x, y)$ 通常由空间域中的慢变化来表征,而反射分量 $r(x, y)$ 则倾向于急剧变化,因此按式 (5.15) 分离开图像的入射分量和反射分量后,若采用傅里叶变换的方法将其变换到频率域，则变换后的低频成分主要对应于入射分量，而高频成分则主要与图像的反射分量相关，此时，采用一定的滤波器函数 $H(u,v)$ 对变换后图像进行处理，即可实现对图像的入射分量和反射分量分别进行处理，从而达到增强感兴趣地物目标与其他地物目标之间反差的目的。其基本流程如图 5.18 所示（冈萨雷斯，2007）。

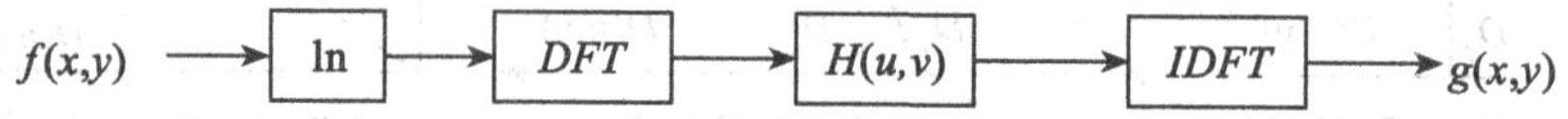

$f(x,y)$ → ln → DFT → $H(u,v)$ → IDFT → $g(x,y)$

图 5.18 同态滤波基本流程

图 5.19（b）显示了对某地区 TM 影像（如图 5.19（a）所示）进行同态滤波的结果（按波段 432 假彩色合成）。

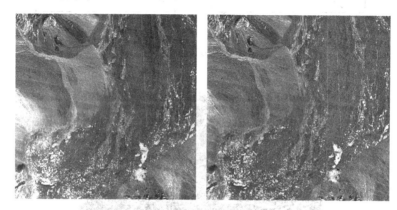

(a) 原始图像　　　　　　(b) 同态滤波图像

图 5.19 图像同态滤波

5.9 边 缘 提 取

图像边缘是图像基本特征之一，它是图像局部特征不连续性的反映。图像边缘蕴含有丰富的图像内在信息，因此，如何准确地提取遥感图像边缘一直是遥感图像处理领域最基本、最重要的问题之一。

常用的边缘提取算子有梯度算子、拉普拉斯算子、LOG 算子等（汤国安等，2004；张祖勋等，1997）。

(1) Roberts 梯度算子。

Roberts 梯度算子是一种利用局部交叉差分方法的图像边缘检测算子。对于图像 $f(x,y)$，它在点 (x,y) 处的 Roberts 梯度的常用表达式为：

$$|grad f(x,y)| = \max\{|f(x,y)-f(x+1,y+1)|, |f(x+1,y)-f(x,y+1)|\} \quad (5.16)$$

其对应的卷积核 $t_1 = \begin{bmatrix} 1 & 0 \\ 0 & -1 \end{bmatrix}$, $t_2 = \begin{bmatrix} 0 & -1 \\ 1 & 0 \end{bmatrix}$

（2）Prewitt 梯度算子。

Prewitt 算子较多地考虑了邻域点的关系，将差分范围从 2×2 扩大到 3×3 以更精确地提取图像边缘，其相应的卷积核改进为：

$$t_1 = \begin{bmatrix} -1 & -1 & -1 \\ 0 & 0 & 0 \\ 1 & 1 & 1 \end{bmatrix}, \quad t_2 = \begin{bmatrix} -1 & 0 & 1 \\ -1 & 0 & 1 \\ -1 & 0 & 1 \end{bmatrix}$$

（3）Sobel 梯度算子。

Sobel 梯度算子在 Prewitt 算子的基础上，采用加权方法进行差分，其相应的卷积核为

$$t_1 = \begin{bmatrix} 1 & 2 & 1 \\ 0 & 0 & 0 \\ -1 & -2 & -1 \end{bmatrix}, \quad t_2 = \begin{bmatrix} -1 & 0 & 1 \\ -2 & 0 & 2 \\ -1 & 0 & 1 \end{bmatrix}$$

（4）拉普拉斯算子。

拉普拉斯算子是一种二阶差分算子，对于数字图像 $f(x, y)$，其在 (x, y) 点处的拉普拉斯算子定义为：

$$\nabla^2 f(x, y) = f(x, y+1) + f(x, y-1) + f(x+1, y) + f(x-1, y) - 4f(x, y) \quad (5.17)$$

其相应的卷积核为

$$H = \begin{bmatrix} 0 & 1 & 0 \\ 1 & -4 & 1 \\ 0 & 1 & 0 \end{bmatrix}$$

（5）高斯-拉普拉斯算子（LOG 算子）。

LOG 算子首先利用高斯函数对图像进行低通滤波，然后再用拉普拉斯算子提取二阶导数的零交叉点作为边缘点。由于事先对图像进行了平滑滤波，这种方法能够有效地减小噪声对图像边缘提取的影响。

图 5.20（b）显示了采用拉普拉斯算子对南京某地区 SPOT-5 全色图像（如图 5.20（a）所示）进行边缘提取的结果。

（a）原始图像　　　　　　　　　　（b）边缘提取图像

图 5.20　图像边缘提取

5.10 实验操作

5.10.1 图像信息显示

1. 实验数据

北京地区多光谱图像：bj_mul.img

2. 实验步骤

（1）在 Viewer 视窗中，打开实验图像。

（2）单击 Viewer 菜单条 Utility | Layer Info 命令，或者在工具条上单击 Layer Info 图标，打开 ImageInfo 窗口，如图 5.21 所示。

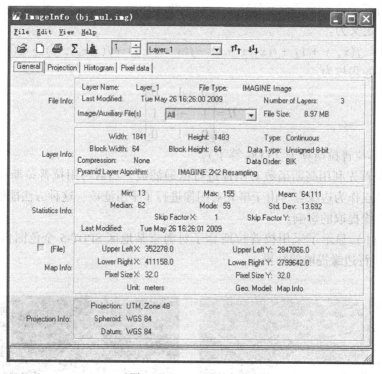

图 5.21 ImageInfo 窗口

如图 5.21 所示，ImageInfo 窗口主要包含了 4 个方面的图像信息：一般信息（General）、投影信息（Projection）、图像直方图（Histogram）以及像元灰度值（Pixel Data）。通过不同选项卡之间的切换，可以全面地了解图像的相关信息。此外，还可以通过 ImageInfo 窗口中的菜单条 Edit 命令对图像信息进行编辑。

5.10.2 图像反差调整

1. 实验数据

山西某地 IRS-P6 多光谱图像：sx1_p6.img

2. 实验步骤

（1）在 Viewer 视窗中，打开实验图像。

（2）单击 Viewer 菜单条 Raster | Contrast | General Contrast，打开 Contrast Adjust 对话框，如图 5.22 所示。

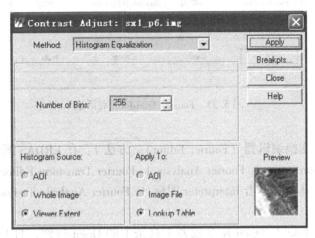

图 5.22　Contrast Adjust 对话框

（3）在 Contrast Adjust 对话框中，选定进行图像反差调整的方法（Method）。包括图像直方图均衡（Histogram Equalization）、标准差调整（Standard Deviations）、线性变换（Linear）、伽马变换（Gamma，它是一种指数变换）、密度分割（Level Slice）、灰度反转（Invert）等。

（4）对选定方法进行参数设定，具体各参数的意义可参见 help 文件。

（5）设定图像反差调整的直方图来源（Histogram Source）和应用目标（Apply to）。

（6）单击 Apply 按钮，采用指定的方法对图像进行反差调整。

5.10.3　低通/高通滤波

1. 实验数据

福州地区 IRS-P5 全色影像：fz_ p5.tif

2. 实验步骤

（1）傅里叶变换。

① 打开傅里叶变换（Fourier Transform）对话框，如图 5.23 所示。方法 1：在 ERDAS 图标面板菜单条，单击 Main | Image Interpreter | Fourier Analysis | Fourier Transform 命令；方法 2：在 ERDAS 图标面板工具条，单击 Interpreter 图标 | Fourier Analysis | Fourier Transform 命令。

② 确定输入图像（Input File）。

③ 定义输出图像路径及名称（Output File）。

④ 选择进行变换的波段（Select Layers）。

⑤ 单击 OK，执行图像傅里叶变换。

（2）低通/高通滤波。

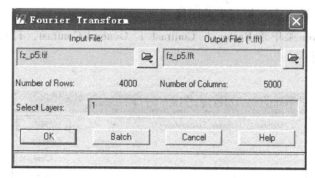

图 5.23 Fourier Transform 对话框

① 启动傅里叶变换编辑器（Fourier Editor）。方法1：在 ERDAS 图标面板菜单条，单击 Main | Image Interpreter | Fourier Analysis | Fourier Transform Editor 命令；方法2：在 ERDAS 图标面板工具条，单击 Interpreter 图标 | Fourier Analysis | Fourier Transform Editor 命令。

② 单击菜单条 File | Open 命令或者工具条上的 Open 按钮，打开傅里叶变换图像，如图 5.24 所示。

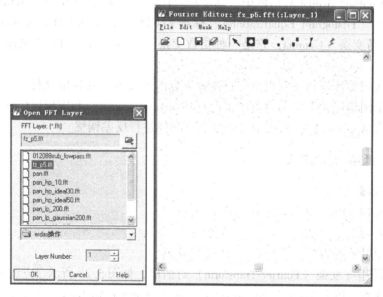

图 5.24 打开傅里叶变换图像

③ 在 Fourier Editor 菜单条，单击 Mask | Filters 命令，打开低通/高通滤波（Low / High Pass Filter）对话框，如图 5.25 所示。

④ 选择滤波类型（Filter Type），低通滤波或高通滤波。

⑤ 选择采用的滤波器类型（Window Function）。

⑥ 定义滤波半径（Radius），即截止频率。

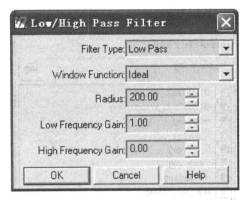

图 5.25 Low / High Pass Filter 对话框

⑦ 确定低频增益（Low Frequency Gain）和高频增益（High Frequency Gain）。
⑧ 单击 OK 按钮，执行低通/高通滤波。
⑨ 单击 File | Save As 命令，保存滤波后傅里叶图像，如图 5.26 所示。

图 5.26 Save Layer As 对话框

（3）傅里叶逆变换。
① 在 Fourier Editor 菜单条，单击 File | Inverse Transform 命令，打开傅里叶逆变换（Inverse Fourier Transform）对话框，如图 5.27 所示。
② 定义输出图像路径及名称（Output File）。
③ 确定输出图像数据类型（Output）。
④ 选择输出数据统计时是否忽略零值（Ignore Zeros in Stats）。
⑤ 单击 OK 按钮，执行傅里叶逆变换，即可实现图像频率域到空间域的转换。

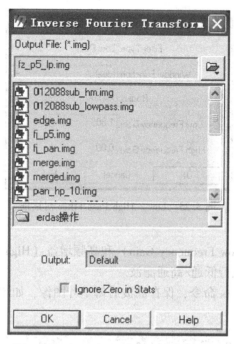

图 5.27 Inverse Fourier Transform 对话框

5.10.4 同态滤波

1. 实验数据

南极 SPOT5 多光谱影像：tm_1.img

2. 实验步骤

（1）打开同态滤波（Homomorphic Filter）对话框，如图 5.28 所示。方法 1：在 ERDAS 图标面板菜单条，单击 Main | Image Interpreter | Fourier Analysis | Homomorphic Filter 命令；方法 2：在 ERDAS 图标面板工具条，单击 Interpreter 图标 | Fourier Analysis | Homomorphic Filter 命令。

（2）选择输入图像（Input File）。

（3）确定输出图像路径及名称（Output File）。

（4）设置入射分量增益（Illumination Gain）和反射分量增益（Reflectance Gain）。

（5）设置截止频率（Cutoff Frequency）。

（6）单击 OK 按钮，执行同态滤波。

在不同遥感影像的阴影处理中，要选取不同的照度和反射度参数以及截止频率，如何能较好地增强阴影区的细节同时又不损失亮区的细节是同态滤波参数选择的一个重要标准。在实验中，要通过反复对比目视结果和进行效果评价。可总结得出：对于大多数南极遥感影像，照度参数一般选择在 0.5 左右，反射度参数选择在 1.5 左右，截止频率标定在 20 到 30 之间时，得到的图像阴影细节增强效果明显且对比度较好。阴影信息的增强效果取决于同态滤波时滤波函数的选择，为了减少乃至消除振铃效应，滤波器频率响应应该具有光滑的、缓慢变化的特征。如图 5.29 所示。

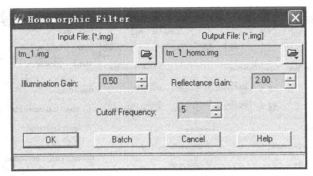

图 5.28 Homomorphic Filter 对话框

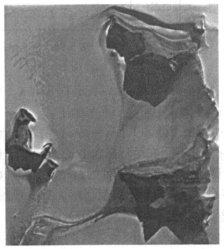

(a) 南极 Grove 地区 SPOT 多光谱影像　　(b) 对 (a) 同态滤波的结果

图 5.29 南极遥感影像

5.10.5 主成分变换

1. 实验数据

某地区 TM 影像：TM.img。

2. 实验步骤

(1) 打开主成分 (Principal Components) 对话框，如图 5.30 所示。方法 1：在 ERDAS 图标面板菜单条，单击 Main | Image Interpreter | Spectral Enhancement | Principal Components 命令；方法 2：在 ERDAS 图标面板工具条，单击 Interpreter 图标 | Spectral Enhancement | Principal Components 命令。

(2) 确定输入图像 (Input File)。

(3) 定义输出图像路径及名称 (Output File)。

(4) 选定文件坐标类型 (Coordinate Type)。

(5) 处理范围 (Subset Definition) 确定 (默认为整幅图像)。其中：ULX / Y 表示左

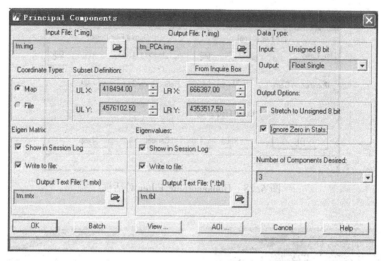

图 5.30 Principal Components 对话框

上角 X、Y 坐标；LRX／Y 表示右下角 X、Y 坐标。此外，处理范围也可以通过采用 Inquire Box 在图像中定义子区来确定。

（6）特征矩阵（Eigen Matric）与特征值（Eigenvalues）输出设置。其中 Show in Session Log 表示是否在运行日志中显示，Write to File 表示是否将数据写入文件，若勾选中此选项，则还需定义写入文件的路径及名称（Output Text File）。

（7）确定输出数据类型（Data Type）。

（8）输出选项设置（Output Options）。若需要对输出图像进行灰度拉伸，则选中 Stretch to Unsigned 8 Bit 复选框；Ignore Zero in Stats 则表示输出数据统计时忽略零值。

（9）确定需要的主成分数量（Number of Components Desired）。

（10）单击 OK 按钮，执行主成分变换。

5.10.6 卷积增强

1. 实验数据

山西某地 IRS-P6 多光谱影像：sx1_ p6.img

2. 实验步骤

（1）打开卷积增强（Convolution）对话框，如图 5.31 所示。方法 1：在 ERDAS 图标面板菜单条，单击 Main｜Image Interpreter｜Spatial Enhancement｜Convolution 命令；方法 2：在 ERDAS 图标面板工具条，单击 Interpreter 图标｜Image Interpreter｜Spatial Enhancement｜Convolution 命令。

（2）选择输入图像（Input File）。

（3）设置输出图像路径及名称（Output File）。

（4）选择卷积算子并设置相关参数（Kernel Selection）。

（5）选择输出图像坐标类型（Coordinate Type）以及数据类型（Data Type）。

（6）设置图像卷积增强范围（Subset Definition），也可以通过 Inquire Box 来获取。

ERDAS 系统提供了多种多样的卷积核，以满足不同图像处理的要求，如边缘检测、

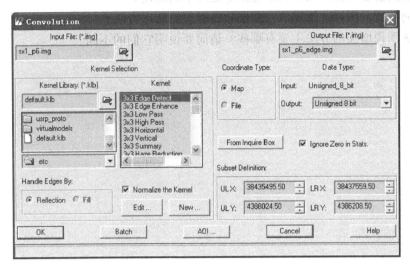

图 5.31 convolution 对话框

边缘增强、低通滤波、高通滤波等。此外，如果这些卷积核不能满足您的图像处理要求，您也可以通过 New 或 Edit 按钮自行新建或者编辑修改卷积核，如图 5.32 所示。

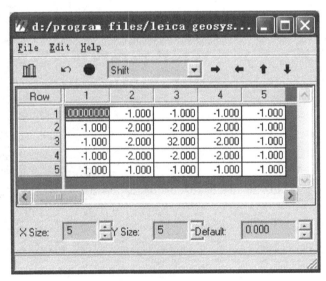

图 5.32 卷积核编辑窗口

5.11 习　　题

1. 图像增强的目的是什么？它包含的主要内容有哪些？
2. 遥感图像的正交变换主要包括哪些？它们各有什么意义？
3. 常用的图像低通滤波器有哪些？它们各有什么特点？

4. 简述同态滤波原理及其在遥感图像处理中的应用。
5. 为何要进行图像边缘提取？图像边缘提取有哪些方法？
6. 遥感图像增强的方法主要有哪些？请简要说明它们的不同。

第6章 遥感图像融合

6.1 实习内容及要求

随着遥感对地观测技术的发展，多平台、多传感器、多时相、多光谱和多分辨率的遥感数据急剧增加，在同一地区形成了多源的影像金字塔。如何将这些多源遥感数据的有用信息聚合起来，以克服单一传感器获取的图像信息量不足的缺陷，成为遥感领域的一个重要研究课题。遥感图像融合技术的出现，成为解决这一问题的有效手段。它采用一定的算法对同一地区的多源遥感图像进行处理，生成一幅新的图像，从而获取单一传感器图像所不能提供的某些特征信息。例如，全色图像一般具有较高的空间分辨率，但光谱分辨率较低，而多光谱图像则具有光谱信息丰富、空间分辨率低的特点，为了有效地利用两者的信息，可以对它们进行融合处理，在提高多光谱图像光谱分辨率的同时，又保留了其多光谱特性。

常用的遥感图像融合算法很多，包括 IHS 融合、小波变换融合、PCA 变换融合、乘积变换融合、Brovey 变换融合等。

在本章实习中，应掌握以下内容：
(1) 了解多源遥感图像融合的概念及意义；
(2) 掌握遥感图像融合的原理与方法；
(3) 了解遥感图像融合质量的评价方法；
(4) 熟练运用 ERDAS 对遥感图像进行融合处理。

6.2 IHS 融合

IHS 融合是基于 IHS 变换的遥感图像融合，它是应用最广泛的图像融合方法之一。IHS 变换通过将图像由常用的 RGB 彩色空间变换至 IHS 空间，从而可以将图像的亮度 (Intensity)、色调 (Hue) 和饱和度 (Saturation) 分离开来。

基于 IHS 变换的遥感图像融合采用的是"I 分量替换法"，即用全色图像代替多光谱图像的 I 分量，并与其 H 和 S 分量相结合进行 IHS 逆变换获得融合图像。其具体步骤如下（孙家抦，2003）：

(1) 对两幅图像进行几何配准，并将多光谱图像重采样与全色图像分辨率设置一致；
(2) 对多光谱图像进行 IHS 变换，将其变换至 IHS 空间；
(3) 为了使融合图像与原多光谱图像色彩趋于一致，需对全色图像和多光谱图像的 I 分量进行直方图匹配；
(4) 用直方图匹配后的全色图像替代多光谱图像的 I 分量；

(5) 对 I 分量替换后的多光谱图像进行 IHS 逆变换至 RGB 空间, 得到融合图像。

图 6.1 (c) 显示了对同一地区 IKONOS 全色图像 (如图 6.1 (a) 所示) 以及多光谱图像 (如图 6.1 (b) 所示, RGB 真彩色) 进行 IHS 融合的结果。

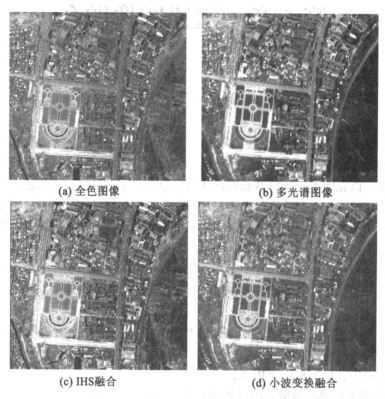

(a) 全色图像　　　　　　　　　　(b) 多光谱图像

(c) IHS 融合　　　　　　　　　　(d) 小波变换融合

图 6.1　图像 IHS 融合与小波变换融合

通过上述过程可以看出, IHS 融合具有只能用三个波段的多光谱图像与全色图像进行融合的缺陷。当多光谱图像的波段数大于 3 时, 可以将多光谱图像划分为多个三波段图像, 分别执行 IHS 融合并将 IHS 逆变换后的多个波段重新组合起来以解决 IHS 融合的波段限制。

此外, 当多光谱图像的 I 分量与全色图像之间存在较大差异时, 会导致融合图像光谱失真严重。为此, 有学者在大量研究的基础上, 提出了一种改进的 IHS 图像融合方法, 它通过采用一定的算法对全色图像进行亮度纠正, 并以纠正后的全色图像替代多光谱图像的 I 分量, 执行 IHS 逆变换, 能够有效地减少图像的光谱失真 (Siddiqui, Y. 2003)

6.3　小波变换融合

小波变换作为一种新的数学工具, 它是一种介于时间域 (空间域) 和频率域之间的函数表示方法。通过小波变换, 可以将图像分解成一系列具有不同空间分辨率和频率特性的子空间, 从而使原始图像的特征能够得以充分的体现。

对于二维信号 (如图像), 其分解公式为:

$$C_{m,n}^{j} = \frac{1}{2}\sum_{k,l\in Z} C_{k,l}^{j+1} h_{k-2m} h_{l-2n}$$

$$d_{m,n}^{j1} = \frac{1}{2}\sum_{k,l\in Z} C_{k,l}^{j+1} h_{k-2m} g_{l-2n}$$

$$d_{m,n}^{j2} = \frac{1}{2}\sum_{k,l\in Z} C_{k,l}^{j+1} g_{k-2m} h_{l-2n}$$ (6.1)

$$d_{m,n}^{j3} = \frac{1}{2}\sum_{k,l\in Z} C_{k,l}^{j+1} g_{k-2m} g_{l-2n}$$

式中，C^j 表示图像 C^{j+1} 中的低频成分（下标 j 和 $j+1$ 表示空间尺度），代表图像在尺度 j 下的近似图像（LL）；

d^{j1} 表示图像 C^{j+1} 中垂直方向上的高频成分（LH）；

d^{j2} 表示图像 C^{j+1} 中水平方向上的高频成分（HL）；

d^{j3} 表示图像 C^{j+1} 中对角方向上的高频成分（HH）。

相应的图像重建公式为：

$$C_{m,n}^{j+1} = \frac{1}{2}\sum_{k,l\in Z}(C_{k,l}^{j}\bar{h}_{2k-m}\bar{h}_{2l-n} + d_{k,l}^{j1}\bar{h}_{2k-m}\bar{g}_{2l-n} + d_{k,l}^{j2}\bar{g}_{2k-m}\bar{h}_{2l-n} + d_{k,l}^{j3}\bar{g}_{2k-m}\bar{g}_{2l-n})$$ (6.2)

其中，$\bar{h}$、$\bar{g}$ 分别为 h、g 的共轭转置矩阵。

基于小波变换的图像融合的基本思想是：对待融合图像分别进行小波分解，得到图像的低频近似分量和高频细节分量，然后对低频分量和高频分量分别采用相应的融合算法进行融合处理，得到融合后图像的低频成分和高频成分，最后进行小波逆变换，得到融合图像。整个融合过程如图 6.2 所示（舒添慧等，2008）。

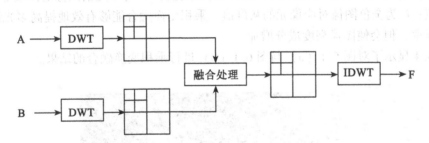

图 6.2 小波变换图像融合示意图

图 6.1（d）显示了对图 6.1（a）与图 6.1（b）进行小波变换融合的结果。

6.4 PCA 变换融合

PCA（principal Component Analysis）变换即主成分变换，PCA 变换融合与 IHS 融合的基本思想类似，它首先对多光谱图像进行主成分变换，然后将全色图像与 PCA 变换的第一主成分图像进行直方图匹配，使它们具有相近的均值和方差，最后用直方图匹配后的全色图像代替第一主成分与其他主成分相结合进行主成分逆变换，得到融合图像（孙家抦，2003）。

图 6.3 显示了对图 6.1（a）与图 6.1（b）进行 PCA 变换融合的结果。

图 6.3　图像 PCA 变换融合

6.5　乘积变换融合

乘积变换融合可表示为：

$$B_i = PX_i \tag{6.3}$$

式中，B_i 为融合图像的波段 i 当前像元的灰度值；X_i 为多光谱图像的波段 i 对应像元的灰度值；P 为全色图像对应像元的灰度值。乘积变换融合能够有效地提高多光谱图像的空间分辨率，但会使图像亮度成分增加。

图 6.4 显示了对图 6.1（a）与图 6.1（b）进行乘积变换融合的结果。

图 6.4　图像乘积变换融合

6.6 Brovey 变换融合

Brovey 变换融合即比值变换融合，其常用的表达式为：

$$B_i = X_i P / (\sum_i X_i) \tag{6.4}$$

Brovey 变换融合会使融合影像亮度值偏低，且某些情况下，它会使图像光谱失真较为严重。

图 6.5 显示了对图 6.1 (a) 与图 6.1 (b) 进行 Brovey 变换融合的结果。

图 6.5 图像 Brovey 变换融合

6.7 遥感图像融合效果评价

融合效果评价是图像融合处理中不可或缺的环节之一。评价方法一般可分为定性评价和定量评价。

定性评价法一般是由判读人员直接对图像质量进行目视评估，具有简单、直观的优点。但由于人的视觉识别图像上对各种变化的灵敏程度有限，图像的视觉质量也强烈地依赖于观察者的情绪、经验、学识等，这种方法具有较大的不全面性，且因人而异、主观性强。因此，需要与客观的定量评价标准相结合对遥感图像融合效果进行综合评价。

定量评价能够有效地弥补定性评价方法受人为条件影响大的不足，根据评定所需条件的不同，定量评价法主要分为下述几种（王海晖等，2003）。

1. 根据单个图像统计特征的评定方法

（1）信息熵。

信息熵是衡量图像信息量的一个重要指标，其表达式为：

$$E = \sum_{i=0}^{L-1} P_i \log_2 P_i \tag{6.5}$$

式中，L 表示图像总的灰度级；P_i 为图像像元灰度值为 i 的概率。

信息熵越大，表示融合图像的信息含量越丰富，则认为融合效果越好。

（2）均值与标准差。

均值就是图像像素的平均灰度值，对人眼反映为平均亮度。其表达式为：

$$\bar{F} = \frac{1}{MN} \sum_{i=1}^{M} \sum_{j=1}^{N} F(i,j) \tag{6.6}$$

标准差反映了相对灰度均值的离散状况，标准差越大，灰度分布越分散，因而从某种程度来说，标准差也可以用来衡量图像反差的大小。其表达式为：

$$\sigma = \sqrt{\frac{\sum_{i=1}^{M} \sum_{j=1}^{N} [F(i,j) - \bar{F}]^2}{M \times N}} \tag{6.7}$$

标准差大，则图像反差大，信息含量丰富；反之，标准差小，图像对比度小，色调单一均匀，信息含量少。

（3）平均梯度。

图像质量的改进可用平均梯度表示，它是图像清晰度的度量，能够反映图像中微小细节反差和纹理变化。其表达式为：

$$\bar{G} = \frac{1}{MN} \sum_{i=1}^{M} \sum_{j=1}^{N} (\Delta_x F(i,j)^2 + \Delta_y F(i,j)^2)^{1/2} \tag{6.8}$$

式中，M、N 分别表示图像大小；$\Delta_x F(i,j)$，$\Delta_y F(i,j)$ 分别表示像元 (i,j) 在 x 和 y 方向上的一阶差分。一般来说，$\bar{G}$ 越大，则图像层次越多，图像越清晰。

2. 根据融合图像与原始图像关系的评定方法

（1）偏差指数。

偏差指数反映了融合图像与原始图像在光谱信息上的匹配程度。其表达式为：

$$D = \frac{1}{MN} \sum_{i=1}^{M} \sum_{j=1}^{N} \frac{[F(i,j) - A(i,j)]}{A(i,j)} \tag{6.9}$$

式中，F、A 分别表示融合图像和原始图像。偏差指数越小，说明融合图像在提高空间分辨率的同时，较好地保留了原始多光谱图像的光谱信息。

（2）相关系数。

相关系数是衡量融合前后图像相似程度的指标，其表达式为：

$$\rho = \frac{\sum_{i=1}^{M} \sum_{j=1}^{N} [F(i,j) - \bar{F}][A(i,j) - \bar{A}]}{\sqrt{\sum_{i=1}^{M} \sum_{j=1}^{N} [F(i,j) - \bar{F}]^2 \sum_{i=1}^{M} \sum_{j=1}^{N} [A(i,j) - \bar{A}]^2}} \tag{6.10}$$

式中，$\bar{F}$、$\bar{A}$ 分别表示融合图像与原始图像的灰度均值。

3. 根据融合图像与标准参考图像关系的评定方法

（1）均方根误差。

均方根误差（RMSE）是衡量融合图像与标准参考图像之间差异的指标，其表达式为：

$$RMSE = \sqrt{\frac{\sum_{i=1}^{M} \sum_{j=1}^{N} [R(i,j) - F(i,j)]^2}{M \times N}} \tag{6.11}$$

式中，R，F 分别表示标准参考图像和融合图像。RMSE 越小，说明融合效果越好。

(2) 信噪比和峰值信噪比。

以标准参考图像为信息,融合图像和标准参考图像之间的差异为噪声,则信噪比 SNR 和峰值信噪比 PSNR 的定义分别如下:

$$SNR = 10 \times \log_{10} \frac{\sum_{i=1}^{M} \sum_{j=1}^{N} F(i, j)^2}{\sum_{i=1}^{M} \sum_{j=1}^{N} [R(i, j) - f(i, j)]^2} \qquad (6.12)$$

$$PSNR = 10 \times \log_{10} \frac{MN[\max(F(i, j)) - \min(F(i, j))]}{\sum_{i=1}^{M} \sum_{j=1}^{N} [R(i, j) - F(i, j)]^2} \qquad (6.13)$$

6.8 实验操作

6.8.1 改进的 IHS 融合

1. 实验数据

唐山市 SPOT-5 全色图像与多光谱图像:ts_pan.tif 与 ts_m.tif

2. 实验步骤

(1) 打开改进的 IHS 融合(Modified IHS Resolution Merge)对话框,如图 6.6 所示。方法 1:在 ERDAS 图标面板菜单条,单击 Main | Image Interpreter | Spatial Enhancement | Mod. IHS Resolution Merge 命令;方法 2:在 ERDAS 图标面板工具条,单击 Interpreter 图标 | Image Interpreter | Spatial Enhancement | Mod. IHS Resolution Merge 命令。

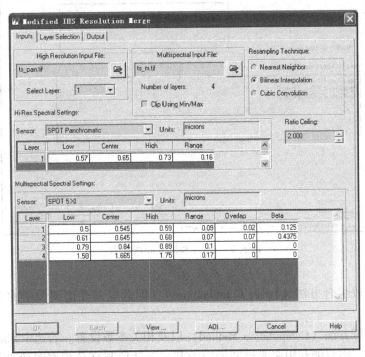

图 6.6 Modified IHS Resolution Merge 对话框

(2) 在 Inputs 选项卡中设置如下参数:

① 选择输入的高分辨率图像 (High Resolution Input File) 以及用于融合的波段 (Select Layer)。

② 设置输入高分辨率图像的相关参数 (Hi-Res Spectral Settings),包括成像传感器、波段范围等。

③ 选择输入的多光谱图像 (Multispectral Input File)。

④ 选择多光谱图像重采样方法 (Resampling Technique),包括最近邻像元法 (Nearest Neighbor)、双线性内插法 (Bilinear Interpolation) 以及三次卷积法 (Cubic Convolution)。

⑤ 设置是否按照最大或者最小灰度值标准对重采样后的图像进行修剪 (Clip Using Min/Max)。

⑥ 设置输入多光谱图像的相关参数 (Hi-Res Spectral Settings),包括成像传感器、波段范围等。

⑦ 设置图像亮度纠正率阈值 (Ratio Ceiling)。

(3) 切换到 Layer Selection 选项卡,如图 6.7 所示,设置如下参数:

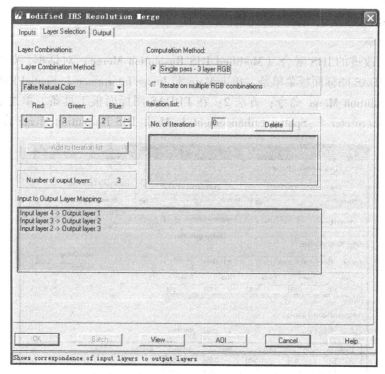

图 6.7　Layer Selection 选项卡

① 设置波段组合方法 (Layer Combinations),即选定多光谱图像中的某些波段参与 IHS 变换。

② 选择计算方法 (Computation Method) 以及相关参数设置。若选中 Single pass-3 layer RGB 复选框,则只能利用多光谱图像中的某三个波段与高分辨率图像进行融合;若选中 Iterate on multiple RGB combinations 复选框,则可以参照输入到输出波段映射 (Input to

Output Mapping）列表中显示的图像输入与输出波段之间的对应关系，将多光谱图像的多个波段（大于 3 个）都纳入图像融合过程，具体各项参数意义可参见 Help 文件。

（4）切换到 Output 选项卡，如图 6.8 所示，设置如下参数：

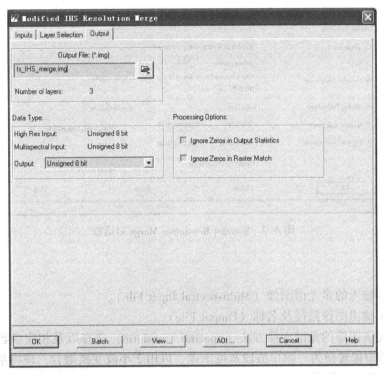

图 6.8 Output 选项卡

① 设置输出图像路径及名称（Output File）。
② 数据类型（Data Type）设定。
③ 设置图像处理选项（Processing Options），包括是否在计算输出图像统计信息时忽略零值（Ignore Zeros in Output Statistics）以及在图像配准过程中忽略零值（Ignore Zeros in Raster Match）。

（5）单击 OK 按钮，执行基于改进的 IHS 变换的图像融合。

6.8.2 小波变换融合

1. 实验数据

某地区 IKONOS 全色图像与多光谱图像（RGB 真彩色图像）：pan. img 与 rgb. img

2. 实验步骤

（1）打开小波变换融合（Wavelet Resolution Merge）对话框，如图 6.9 所示。方法 1：在 ERDAS 图标面板菜单条，单击 Main | Image Interpreter | Spatial Enhancement | Wavelet Resolution Merge 命令；方法 2：在 ERDAS 图标面板工具条，单击 Interpreter 图标 | Image Interpreter | Spatial Enhancement | Wavelet Resolution Merge 命令。

（2）选择输入的高分辨率图像（High Resolution Input File）以及用于融合的波段

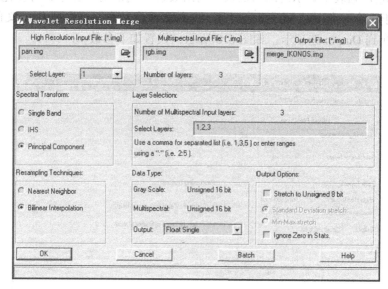

图 6.9 Wavelet Resolution Merge 对话框

(Select Layer)。

(3) 选择输入的多光谱图像 (Multispectral Input File)。

(4) 定义输出图像路径及名称 (Output File)。

(5) 多光谱图像的光谱变换方法 (Spectral Transform) 选择以及相应参数的设定，它将输入多光谱图像转换为一幅单波段灰度图像，以用于小波变换融合。现将系统提供的几种方法说明如表 6.1 所示。

表 6.1　　　　　　　　　　　　多光谱图像的光谱变换方法

方　法	说　明
Single Band	选择输入多光谱图像中的某一波段图像作为该灰度图像
IHS	通过 IHS 变换，将图像转换到 IHS 空间，采用 I 分量作为该灰度图像
Principal Component	对多光谱图像进行主成分变换，采用第一主成分作为该灰度图像

(6) 选择多光谱图像重采样方法 (Resampling Techniques)。

(7) 输出选项 (Output Options) 以及数据类型 (Data Type) 设置。

(8) 单击 OK 按钮，执行图像小波变换融合。

6.8.3　其他几种融合方法

1. 实验数据

宜昌市 SPOT-5 图像与 TM 图像 (743 波段)：spot.img 与 743.img

2. 实验步骤

(1) 打开分辨率融合 (Resolution Merge) 对话框，如图 6.10 所示。方法 1：在 ERDAS 图标面板菜单条，单击 Main | Image Interpreter | Spatial Enhancement | Resolution Merge

命令；方法 2：在 ERDAS 图标面板工具条，单击 Interpreter 图标 | Image Interpreter | Spatial Enhancement | Resolution Merge 命令。

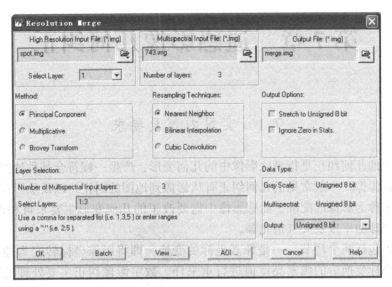

图 6.10　Resolution Merge 对话框

（2）选择输入的高分辨率图像（High Resolution Input File）以及多光谱图像（Multispectral Input File）。

（3）定义输出图像路径及名称（Output File）。

（4）选择图像融合方法（Method）。包括主成分变换融合（Principal Component）、乘积变换融合（Multiplicative）以及比值变换融合（Brovey Transform）。

（5）选择多光谱图像重采样方法（Resampling Techniques）。

（6）选择参与融合的波段（Layer Selection）。

（7）设置输出选项（Output Options）以及数据类型（Data Type）。

（8）单击 OK 按钮，执行图像融合。

6.9　习　　题

1. 为什么要进行遥感图像融合？
2. 遥感图像融合的方法有哪些？它们各有什么优缺点？
3. 简述 IHS 融合的基本原理。
4. PCA 融合的基本思想是什么？
5. 如何对遥感图像融合效果进行评价？

第 7 章 遥感影像几何纠正

7.1 实习内容及要求

遥感影像的几何纠正是指消除影像中的几何变形,产生一幅符合某种地图投影或图形表达要求的新影像。一般常见的几何纠正有从影像到地图的纠正,以及从影像到影像的纠正,后者也被称为影像的配准。遥感影像中需要改正的几何变形主要来自相机系统误差、地形起伏、地球曲率以及大气折光等。

几何纠正包括两个环节:一是像素坐标的变换,即将影像坐标转变为地图或地面坐标;二是对坐标变换后的像素亮度值进行重采样。数字影像纠正主要处理过程如下(孙家抦,2003):

(1) 根据影像的成像方式确定影像坐标和地面坐标之间的数学模型;
(2) 根据所采用的数字模型确定纠正公式;
(3) 根据地面控制点和对应像点坐标进行平差计算模型变换参数,评定精度;
(4) 对原始影像进行几何变换计算,像素灰度值重采样。

目前的纠正方法有多项式法和数字微分纠正等。其中数字微分纠正采用严格成像模型,理论严密,精度较高,但计算复杂、运算量较大,而且不同传感器的影像的处理模型相差很大。多项式纠正模型是近似模型,理论不如数字微分纠正严密,精度相比要低,但模型简单,计算量较小,并且适用于各种卫星影像。

在本章实习中,应掌握以下内容:
(1) 理解遥感影像几何纠正的概念、用途和关键技术;
(2) 了解遥感影像几何纠正各种方法的原理和基本流程;
(3) 熟练掌握利用影像处理软件进行遥感影像几何纠正的各种操作。

7.2 控 制 点 选 取

地理信息产品的最重要的因素是其地理定位精度,为了从遥感影像上获取满足使用要求的地理信息产品,遥感影像的纠正过程中必须通过地面控制点来保证其地理定位精度。当遥感影像本身没有地理投影关系时,利用控制点可以解算出简单的投影关系(如多项式投影);当影像本身具有地理投影关系时,利用地面控制点也可以有效精化影像辅助数据(外方位元素等)的精度,提高地理投影的精度。

几何校正的精度直接取决于地面控制点选取的精度、分布和数量。因此,地面控制点的选择必须满足一定的条件,即:地面控制点应当均匀地分布在影像内;地面控制点应当在影像上有明显的、精确的定位识别标志,易于判读;地面控制点上的地物不随时间变化而变化，以保证两幅不同时段的图像或地图几何纠正时，可以同时被识别出来。人工布设的一般地面控制点的大小为影像分辨率的 2~3 倍最好（Yilmaz，2004），也可以采用天然的明显地物点作为影像的控制点，如：

- 公路、铁路交叉点
- 公共基础设施（消防栓、井盖等）
- 农田角点
- 测量基准点

地面控制点同时具有影像坐标和地面真实坐标，地面真实坐标可以由地面 GPS 实测获得，也可以在已有地形图和 DEM 上选取。影像坐标则需要通过处理软件界面，通过光标人工选择（见图 7.1）。地面控制点可以通过地面实测，也可以从已有地理信息产品中获取。一般由以下方法获取：

- 地面实测获得，如经纬仪测量、全站仪测量、GPS 测量等
- 地形图中获得
- 数字正射影像图中获得
- 从 DEM 获得

为了检核影像的纠正效果，需要采用一些控制点来对比检查纠正后影像的地理精度。这种地面控制点被称为检查点。利用检查点检查几何纠正精度的公式为：

$$RMS = \sqrt{\left[\sum_{i=1}^{n}(X'_i - X_i)^2 + (Y'_i - Y_i)^2 + (Z'_i - Z_i)^2\right]/n} \qquad (7.1)$$

其中 (X', Y', Z') 是从影像上获得的控制点的地理坐标，(X, Y, Z) 是地面实际的地理坐标，n 是检查点的个数。

另外，还可以将纠正好的影像与地形图进行叠加对比，来考察几何纠正的效果。

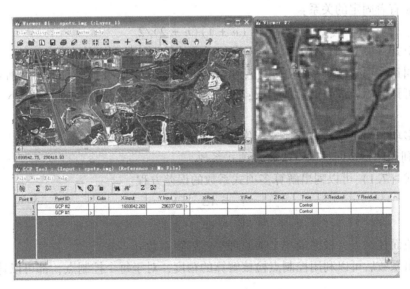

图 7.1 地面控制点的选择添加

7.3 多项式纠正

多项式纠正回避成像的空间几何过程，直接对影像变形的本身进行数字模拟。遥感影像的几何变形由多种因素引起，其变化规律十分复杂。为此把遥感影像的总体变形看做是平移、缩放、旋转、仿射、偏扭、弯曲以及更高次的基本变形的综合作用结果，难以用一个严格的数字表达式来描述，而是用一个适当的多项式来描述纠正前后影像相应点之间的坐标关系。多项式法这种近似的关系表达方式适用于各种类型传感器影像的纠正。其基本过程是利用影像坐标和其对应的地面坐标通过平差原理计算多项式变换的系数，然后用该多项式对影像进行纠正。常用的多项式有一般多项式、勒让德多项式以及双变量分区插值多项式等（孙家抦，2003）。

一般多项式纠正变换公式为：

$$x = a_0 + a_1X + a_2Y + a_3X^2 + a_4XY + a_5Y^2 + a_6X^3 + a_7X^2Y + a_8XY^2 + a_9Y^3 \cdots$$
$$y = b_0 + b_1X + b_2Y + b_3X^2 + b_4XY + b_5Y^2 + b_6X^3 + b_7X^2Y + b_8XY^2 + b_9Y^3 \cdots \quad (7.2)$$

其中，x，y 为某像素的始影像坐标；X，Y 为同名像素的地面（或地图）坐标。

根据纠正影像要求的不同选用不同的阶数，当选用一次项纠正时，可以纠正影像因平移、旋转、比例尺变化和仿射变形等引起的线性变形。当选用二次项纠正时，则在改正一次项各种变形的基础上，还改正二次非线性变形。如选用三次项纠正则改正更高次的非线性变形。一般来说，采用多项式纠正都是采用二次或者三次多项式，更高阶的多项式会出现抖动现象，精度反而会下降。在实际应用中，可以根据研究区域的地形特点选择不同的阶数的多项式模型，选择不同的阶数，所需的地面控制点的个数也不一样。不同的控制点个数对几何纠正的结果也具有一定影像（林辉，2003）。多项式的项数（即系数个数）N 与其阶数 n 有着固定的关系：

$$N = (n + 1)(n + 2)/2 \quad (7.3)$$

可以由式（7.3）计算所选多项式模型所需的最少的控制点的个数。

几何纠正多项式的系数 a_i，b_i（i，$j=0$，1，2，…，$N-1$）一般可由两种办法求得：其一，用可预测的影像变形参数构成；其二，利用已知控制点的坐标值按最小二乘法原理求解。

利用多项式纠正模型进行遥感影像纠正的流程如下：

（1）利用已知地面控制点求解多项式系数。

根据式（7.1）可以列出解算多项式系数的误差方程：

$$V_x = A\Delta_a - V_x$$
$$V_y = A\Delta_b - V_y \quad (7.4)$$

利用地面控制点，根据最小二乘原理平差解算系数 a_i、b_i。

解算出系数后可以利用控制点检核解算的精度，对于每个控制点，都可以计算其均方根误差：

$$RMS = \sqrt{(x'-x)^2 + (y'-y)^2} \quad (7.5)$$

通常根据应用要求，可以指定一个可以接受的最大均方根误差，如果控制点的 RMS 超过了这个值，则需要对控制点进行调整，如删去具有最大均方根误差的点，然后重新计算多项式系数直至达到所要求的精度为止。

(2) 遥感影像的纠正变换。

确定了多项式变换系数后,既可以利用变换关系对遥感影像进行几何纠正。首先要确定纠正后遥感影像的边界范围,这可以通过先对影像四个角点进行投影计算变换获得。

在计算了输出影像的边界后,就可以按照多项式纠正变换函数把原始影像逐个像素变换到纠正后影像的储存空间中去。一般有两种方案可供选择:直接法和间接法纠正方案。如图7.2所示。

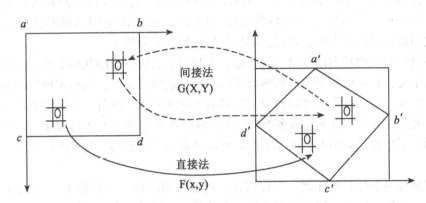

图 7.2 直接法和间接法纠正方案示意图

直接法方案,是从原始图像阵列出发,按行列的顺序依次对每个原始像素点位求其在地面坐标系(也是输出图像坐标系)中的正确位置。间接法方案,是从空白的输出图像阵列出发,按行列的顺序依次对每个输出像素点位反求原始图像坐标中的位置,获取相应的像素灰度值。这两种方案本质上并无差别,主要不同仅在于所用的纠正变换函数不同。由于直接法纠正方案得到图像是非规则排列的,有的像元内可能出现"空白"(无像点),有的像元内可能出现重复(多个像点),要进行像元的重新排列,要求内存空间大,计算时间也长,所以在实践中通常使用的方案是间接法方案(王佩军,2005)。

(3) 数字影像亮度(或灰度)值的重采样。

以间接法纠正方案为例,假如输出图像阵列中的任一像素在原始图像中的投影点位坐标值为整数时,便可简单地将整数点位上的原始图像的已有灰度值直接取出填入输出图像。但若该投影点位的坐标计算值不为整数时,就需要利用其周围点的像素灰度值插值计算该点位的新灰度值。这个过程称为数字图像灰度值的重采样。理想的重采样方法是采用辛克(SINC)函数作为重采样的插值函数。但由于辛克函数是定义在无穷域上的,又包括三角函数的计算,使用不方便。因此实际应用中,采用了一些简单函数代替它,常用的灰度重采样方法包括:

- 最邻近像元采样法
- 双线性内插法
- 双三次卷积重采样法
- 双三次样条函数插值法

这几种方法中,最邻近像元采样法和双线性内插法函数模型简单,计算速度快,但插值效果不如其他两种;双三次卷积重采样法和双三次样条函数插值法函数模型更复杂,插值效果更好，但计算量较大，需要耗费计算时间更多。因此在实际操作中，要根据实际要求来选择灰度重采样方式。

7.4 数字微分纠正

多项式纠正对于平坦地区的影像的纠正比较有效，当地形起伏较大时，多项式纠正的精度很难满足需要。此时可以采用数字微分纠正法对影像进行纠正。数字微分纠正是建立在影像坐标与地面坐标严格数学变换关系的基础上的，是对成像空间几何形态的直接描述。该方法纠正过程需要有地面高程信息（DEM），可以改正因地形起伏而引起的投影差。因此当地形起伏较大时，要对遥感影像进行数字微分纠正。

数字微分纠正的基本任务是实现原始影像和纠正后影像间的几何变换，用很多小区域作为纠正单元，利用该纠正单元的地面实际高程控制纠正元素，从而实现从中心投影到正射投影的变换。这种过程是将影像分为很多微小的区域逐一进行，且使用的是数字方式处理，所以叫做数字微分纠正。同多项式纠正一样，在数字微分纠正过程中，首先确定原始影像与纠正后影像之间的几何关系，然后解求对应影像元素的位置，进行灰度的内插与赋值运算。

数字微分纠正时需要有数字高程信息，通过较为严格的成像模型（如共线方程）建立每个像元与地面地理坐标的严格几何对应关系，计算量比多项式纠正要大。

下面以 SPOT 卫星影像为例，介绍基于共线方程的数字微分纠正（刘海原，1998）。

SPOT 卫星影像是动态扫描成像方式，扫描行间为平行投影，每一个扫描行上满足中心投影构像方式，其外方位元素随时间或扫描行而变，因此共线方程的形式为：

$$x_i = 0 = -f\frac{a_1(X_i - X_{si}) + b_1(Y_i - Y_{si}) + c_1(Z_i - Z_{si})}{a_3(X_i - X_{si}) + b_3(Y_i - Y_{si}) + c_3(Z_i - Z_{si})}$$

$$y_i = -f\frac{a_2(X_i - X_{si}) + b_2(Y_i - Y_{si}) + c_2(Z_i - Z_{si})}{a_3(X_i - X_{si}) + b_3(Y_i - Y_{si}) + c_3(Z_i - Z_{si})} \quad (7.6)$$

这里 x 为飞行方向，X_i、Y_i、Z_i 为地面点 i 的地面坐标，x_i、y_i 为其相应的图像坐标，X_{si}、Y_{si}、Z_{si} 为扫描行 l_i 上的外方位线元素，a_i、b_i、c_i 为姿态角 φ_i、ω_i、κ_i 的函数。

虽然不同扫描行的外方位元素不同，但 SPOT 卫星运行姿态平稳，运行速度和轨迹得到严格控制，为此 l_i 的外方位元素又可以表示为时间或行的线性函数：

$$\varphi_i = \varphi_0 + (l_i - l_0)\Delta\varphi$$
$$\omega_i = \omega_0 + (l_i - l_0)\Delta\omega$$
$$\kappa_i = \kappa_0 + (l_i - l_0)\Delta\kappa$$
$$X_i = X_{s0} + (l_i - l_0)\Delta X_s$$
$$Y_i = Y_{s0} + (l_i - l_0)\Delta Y_s$$
$$Z_i = Z_{s0} + (l_i - l_0)\Delta Z_s$$

其中，φ_0、ω_0、κ_0、X_{s0}、Y_{s0}、Z_{s0} 是图像中心行的外方位元素；l_0 是中心行号；$\Delta\varphi$、$\Delta\omega$、$\Delta\kappa$、ΔX_s、ΔY_s、ΔZ_s 为外方位元素的变化率。利用最少 9 个控制点即可计算外方位元素的参数。当考虑扫描角 Ω 时，共线方程中的第二式应改写为：

$$y_i = f\frac{y\cos\Omega + y\sin\Omega}{y\cos\Omega - y\sin\Omega}$$

其中 y 为原始图像坐标。

从 SPOT 影像的辅助文件可以读出星历参数与姿态角变化率，可以直接获得影像的外方位元素，进行几何纠正。但由于星上测量仪器精度所限，其外方位元素的精度较低，所以影响几何纠正的精度。因此，在有地面控制点的情况下，可以将辅助数据中的外方位元素作为初始值，根据成像模型列出相应的误差方程，利用控制点对外方位元素进行精化，以提高几何纠正的精度。

根据共线方程和 DEM 建立了像点坐标和地面地理坐标间的转换关系，就可以将影像重投影到某个地图坐标系下，完成纠正。下面的步骤同多项式纠正类似，可以选择直接法和间接法两种方案，选择重采样方法，输出纠正后的影像。

7.5 多源遥感影像配准

遥感技术的发展，形成了观测地球空间的影像金字塔。遥感传感器的分辨率包括空间分辨率、时间分辨率、辐射分辨率和光谱分辨率得到进一步的提高。在许多遥感影像处理中，需要对这些多源数据进行比较和分析，如进行影像的融合、变化检测、统计模式识别等，都要求多源影像间必须保证在几何上是相互配准的。这些多源影像包括不同时间同一地区的影像、不同传感器同一地区的影像以及不同时段的影像等。

影像配准的实质就是前述的遥感影像的几何纠正，根据影像的几何畸变特点，采用一种几何变换将影像归化到统一的坐标系中。影像之间的配准一般是以多源影像中的一幅影像为参考影像，其他影像与之匹配，进行几何变换，其输出影像的坐标系与参考基准影像的坐标系一致。

影像配准通常采用多项式纠正法，直接用一个适当的多项式来模拟两幅影像间的相互变形。配准的过程分为以下两步：
（1）在多源影像上确定分布均匀、足够数量的影像同名点；
（2）通过所选择的影像同名点确定几何变换的多项式系数，从而完成一幅影像对另一幅影像的几何纠正。

多源影像间同名点的确定是影像配准的关键。影像同名点的获取可以用目视判读，在软件操作界面上手工添加的方式，也可以采用数字图像处理技术，通过影像相关的自动匹配方法自动获取同名点（孙家抦，2003）。

7.6 实验操作

7.6.1 多源影像多项式配准

1. 显示影像文件，启动几何校正模块

在 ERDAS IMAGINE 的 Viewer 中分别打开地理参考影像 a.img 和带纠正的影像 b.img。在打开 b.img 的 Viewer 的菜单条中，单击 Raster | Geometric Correction 命令，打开 Set Geometric Model 对话框，如图 7.3 所示。

在 Set Geometric Model 对话框中选择几何纠正模型为多项式模型（Polynimial），点击 OK 按钮，打开 Geo Correction Tools 对话框和 Polynimial Model Properties 对话框。如图 7.4

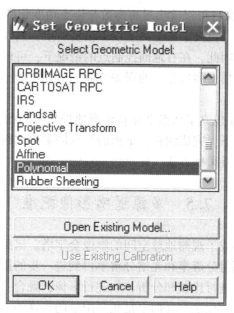

图 7.3 几何纠正模型选择

和图 7.5 所示。

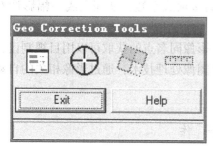

图 7.4 几何纠正工具

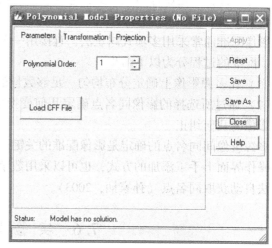

图 7.5 模型参数选择

在 Polynimial Model Properties 窗口中,定义多项式模型参数级投影参数。

在 Polynimial Order 中可以选择多项式的阶数,一般设定为 2。

在 Projection 页面上,可以设置所需要的投影。

单击 Aplly 按钮应用或单击 Close 按钮,关闭窗口,同时打开 GCP Tool Reference Setup 对话框。

2. 启动控制点工具

在 GCP Tool Reference Setup 对话框中选择采点模式,ERDAS 提供了 9 种采点模式

(见图 7.6），这里选择 Existing Viewer，单击 OK 按钮，系统会提示选择 Viewer（见图 7.7）。

在显示 7-dom.img 的 Viewer 上点击，系统提示参考正射影像的地理信息（见图 7.8）。确认无误，单击 OK 按钮，打开控制点采集工具 GCP Tool。

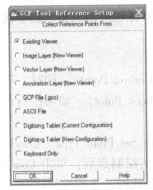 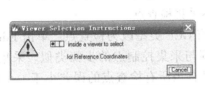 

图 7.6　控制点采集模式选择　　图 7.7　选择参考影像提示　　图 7.8　参考影像投影信息

如图 7.9 所示，控制点采集工具 GCP Tool 自动与两个 Viewer 关联，并且每个 Viewer 都有一个局部放大视图，便于精确的选择像点坐标。

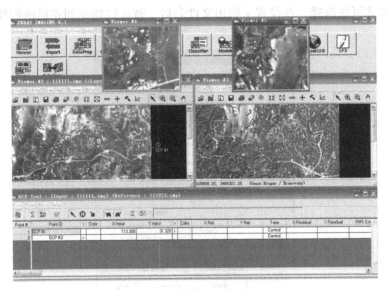

图 7.9　控制点采集界面

3. 采集地面控制点

在影像的几何纠正过程中，采集控制点是最为关键的一步，其操作也最为繁琐。具体操作过程如下：

（1）在 GCP 工具对话框中单击创建 GCP 图标 ⊕，然后鼠标可以在放大视图中单击创建一个 GCP，GCP 数据表自动记录一个输入的 GCP。

（2）在另一幅影像里同样创建一个 GCP。

(3) 点击选择 GCP 图标 ，可以选择已有的 GCP，对其位置进行调整，使 GCP 的选择更加精确。

重复以上（1）~（3）步骤，直到选择足够数目的 GCP。在选择过程中，可以改变 GCP 显示符号的颜色，使其较为明显，便于准确选择位置。在采集过程中，系统会自动计算转换模型，输出每个 GCP 的残差，可以根据残差，对 GCP 做相应的调整，逐步优化校正模型。

4. 采集地面检查点

上面采集的 GCP 类型是用于解算多项式系数的控制点（Control Point）。同时，还应该采集用于检查所建立转换方程的精度和实用性的检查点（Check Point）。如果控制点的误差比较小的话，也可以不采集检查点。

在 GCP Tool 菜单条中将 GCP 类型改为检查点：单击 Edit | Set Point Type | Check 命令。然后采集检查点的步骤与采集控制点的步骤类似。采集完控制点后，单击 Compute Error，计算检查点误差，只有当所有检查点的误差小于一个单元时，才能继续进行下一步。

5. 影像重采样

通过控制点确定了多项式变换的系数，就可以通过几何变换和重采样输出纠正图像，在 Geo Correction Tools 对话框上单击重采样图标 ，打开重采样对话框（见图 7.10），有四种重采样方式可供选择。在设置了输出文件名后，就可以输出纠正后的影像。

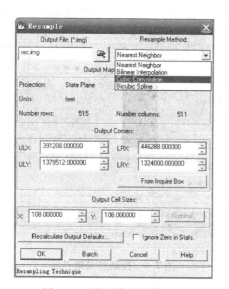

图 7.10 设置输出影像设置

6. 纠正结果检查

可以通过目视对比的方式检查几何纠正的结果。其操作是：分别在两个 Viewer 中打开参考影像和纠正后的影像。在其中一个 Viewer 上右击，选择 Geo Link | Unlink 命令，在另一个 Viewer 上单击，建立连接，然后可以通过查询光标，观察两个窗口中的同一地物的对应位置及其匹配程度（见图 7.11）。

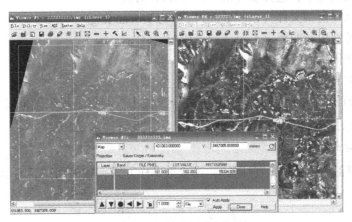

图 7.11 目视检查影像纠正效果

7.6.2 数字微分纠正

数字微分纠正的操作流程与多项式纠正的流程一致，区别在于选择的几何纠正模型不一样。其具体操作流程如下所述。

1. 显示影像文件，启动几何校正模块

打开 ERDAS IMAGINE 的 Viewer 中分别打开地理参考影像 7-dom.img 和带纠正的影像 7-spot-xs.img。

在打开 7-spot-xs.img 的 Viewer 的菜单条中，单击 Raster | Geometric Correction 命令，打开 Set Geometric Model 对话框，选择几何纠正模型为 SPOT 模型。点击 OK 按钮，同时打开 Geo Correction Tool 和 Spot Model Properties 对话框。

2. 设置模型参数

在 Spot Model Properties 对话框中（见图 7.12），设置模型参数。

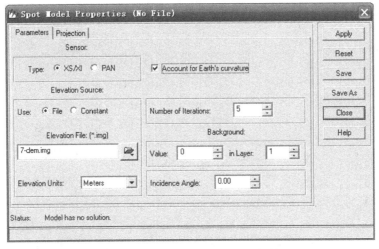

图 7.12 Spot Model Properties 对话框

(1) 在相机类型中，选择多光谱相机（XS｜XI）。
(2) 确定高程模型文件（Elevation File）为 7-dem. Img。
(3) 确定考虑地球曲率（Account for Earths' Curvature）。
(4) 定义迭代次数（Number of Iteration）为 5。

3. 采集控制点

采集控制点的操作与多项式纠正中一样，在使用控制点采集工具采集了足够的控制点后，单击 Σ 图标，计算模型系数。

4. 重采样输出影像

同多项式纠正一样，单击 图标，设置重采样方式，输出纠正后的影像。

7.7 习　　题

1. 遥感影像的几何畸变都是由哪些因素引起的？
2. 简述遥感影像几何纠正的流程和关键步骤。
3. 地面控制点有哪几种采集方式？在地面控制点的采集中，有哪些注意事项？
4. 简述多项式纠正的原理。
5. 多项式纠正方法中多项式的阶数与所需控制点个数有何关系？
6. 什么是数字微分纠正？数字微分纠正有哪两种方案？有何区别？
7. 什么是影像重采样？重采样的方式有哪些？
8. 什么是影像的配准？配准与匹配有什么联系和区别？

第8章 遥感影像镶嵌

8.1 实习内容及要求

遥感影像的单景影像堵塞覆盖范围是有限的，对于高分辨遥感影像尤其如此。很多情况下，往往需要很多景影像才能完成对整个研究区域的覆盖。此时，需要将不同的影像文件无缝地拼接成一幅完整的包含研究区域的影像，这就是影像的镶嵌。通过镶嵌处理，可以获得单一传感器所无法得到的覆盖更大范围的地面影像。参与镶嵌的影像可以是多源的，可以是不同时间同一传感器获取的，也可以是不同时间不同传感器获取的影像，但同时要求镶嵌的影像之间要有一定的重叠度，而且具有相同的波段数。在拼接之前，要求先将多源影像进行配准，拼接后要通过后续处理消除原始影像间的接缝。前者通过几何纠正实现，后者通过影像的匀光实现。

在本章实习中，应掌握以下内容：
（1）理解图像镶嵌的定义和原理。
（2）了解图像镶嵌流程与关键技术。
（3）了解图像匀光的原理与关键技术。
（4）熟练掌握利用软件进行图像镶嵌的操作。

8.2 全色遥感影像镶嵌

进行影像镶嵌时，首先应指定一幅参考图像，作为镶嵌过程中对比度匹配以及镶嵌后输出图像的地理投影、像元大小、数据类型的基准；在重复区域，各图像之间应有较高的配准精度；尽管其影像像元大小可以不一样，但应包含与参考图像同样的波段数。

用于镶嵌的遥感影像可能来自不同的传感器，具有不同的获取时间。它们之间存在较大的几何变形差异和颜色差异，因此全色遥感影像镶嵌的关键如下（孙家柄，2003）：

（1）在几何上将多幅不同的影像连接在一起。因为在不同时间用相同的传感器以及在不同时间用不同的传感器获得的影像，其几何变形是不同的。解决几何连接的实质就是几何纠正，按照第7章中的几何纠正方法将所有参加镶嵌的影像纠正到统一的坐标系中，去掉重叠部分后将多幅影像拼接起来形成一幅更大幅面的影像。

（2）保证拼接后的影像反差一致，色调相近，没有明显的接缝。这一问题需要通过影像匀光的方法解决。

8.3 多波段遥感影像镶嵌

多波段遥感影像的镶嵌和全色影像镶嵌的原理是一致的。相对于全色影像，多波段影像具有多个波段，对于镶嵌过程有更为严格的要求。比如有的多波段假彩色合成影像，各波段之间有时会出现配准不好、像元错位，在使用时需对各波段进行微量平移，消除因波段之间的错位而产生的合成影像模糊现象。遥感影像镶嵌效果直接取决于原始影像精度，各类遥感影像都存在几何纠正的问题，必要的时候需要对待镶嵌的原始影像的各个波段间分别配准，以提高镶嵌影像的质量。

多波段影像的镶嵌中，接缝的消除更为复杂。如果原始影像本身还存在各部分色彩不一致，还需要先对原始影像进行色彩平衡，消除原始影像内色调不均匀。对于影像色调平衡问题，有基于小波变换的拼接线消除算法和直方图匹配等。基于小波变换的算法效果较好，但是在实际应用中该算法过于复杂，处理时间较长（朱述龙，2002）。一般的遥感影像处理软件中采用直方图匹配加接缝羽化的处理方法。

8.4 影像匀光

为了便于图像镶嵌，一般要保证相邻影像间有一定的重复覆盖区，由于其获取时间的差异、太阳光强度及大气状态的变化，或者遥感器本身的不稳定，致使其在不同的影像上的对比度和亮度值会有差异，因此有必要对各镶嵌影像之间在全幅或重复覆盖区上进行匹配，以便均衡化镶嵌后输出影像的亮度值和对比度。最常用的影像匹配方法有直方图匹配和彩色亮度匹配（赵英时，2003）。

直方图匹配是建立在数学上的查找表，通过非线性变化，使得一幅影像的直方图与另一幅影像的直方图类似。彩色亮度匹配是将两幅将要匹配的图像从 RGB 彩色空间变换到 HIS 空间，然后用参考图像的光强替换要匹配影像的光强，再进行 HIS 空间到 RGB 彩色空间的反变换。通过直方图匹配可以有效地消除不同影像间亮度和反差不一致的现象。

从图 8.1 可知，进行直方图匹配后，影像间的亮度和色调已经较为一致，但在影像

 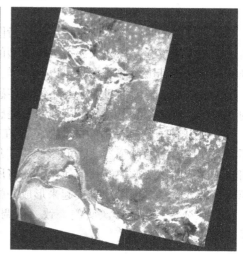

(a) 未经过直方图匹配　　　　　　　　(b) 经过直方图匹配

图 8.1 镶嵌时直方图匹配效果

的边缘处，还是存在明显的接缝。因此在遥感相互配准以及进行直方图匹配后，还需要选取合适的方法来决定重复覆盖区域上的灰度值，以消除接缝。常用的方法包括：

（1）取影像叠置顺序在前的影像的灰度值作为重复覆盖区的灰度值。

（2）取重复覆盖区域内所有影像的灰度值的最小值作为重复覆盖区的灰度值。

（3）取重复覆盖区域内所有影像的灰度值的最大值作为重复覆盖区的灰度值。

（4）取重复覆盖区域内所有影像的灰度值的平均值作为重复覆盖区的灰度值。

（5）取重复覆盖区域内所有影像的灰度值的加权平均值作为重复覆盖区的灰度值，其权值一般是根据距离来确定的，如位于重叠区中间部分的取两张影像的权值各为50%；距离中心10%的部分，其权值相应取10%和90%。这种方法又被称为羽化。

（6）另一种方法是可以不根据影像边缘进行羽化，而是由用户指定一条裁切线，裁切线两侧一定距离内作为缓冲区，在缓冲区内以到裁切线的距离作为权值进行羽化。还可以进一步沿裁切线进行低通滤波，更好地消除接缝。裁切线可以根据一定的算法自动计算，也可以完全人工选定，通过裁切线，可以使镶嵌接缝避开某些重要地物（Jensen，2007）。

效果如图8.2所示。

图8.2 采用羽化处理后镶嵌效果图

8.5 实验操作

1. 启动影像镶嵌模块，加载影像

打开 ERDAS IMAGINE 的 Mosac Tool，单击 图标加载待镶嵌的影像。先后将8.1.tif、8.2.tif、8.3.tif 三张影像加载到镶嵌工具。在加载过程中可以导入整个影像，也可以只导入 AOI 区域设定的范围内的影像或者由软件自动计算活动区域。如图8.3所示。

点击图标 ，可以改变影像叠置顺序，根据需要将某个影像设置为第一层。在影像镶嵌中应该选择合适的影像作为第一层，因为这会影响到后面直方图匹配和重叠区域灰度计算。这里把8.1.tif作为第一层影像。

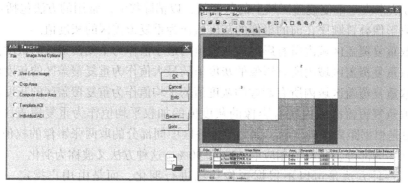

图 8.3 镶嵌工具中加载影像

2. 色彩改正

点击 图标，进行色彩改正，此时出现 Color Corrections 对话框，如图 8.4 所示。ERDAS 提供了 4 种色彩改正选项：Exclude Area 是排除某些区域使之不参与色彩改正；Color Balance 是在影像内部对色彩进行平衡，消除畸变；Image Dodge 与之类似，但既可以在影像内部，也可以在影像之间进行色彩调整；Histogram Matching 是各影像之间进行直方图匹配，使影像间色调一致。

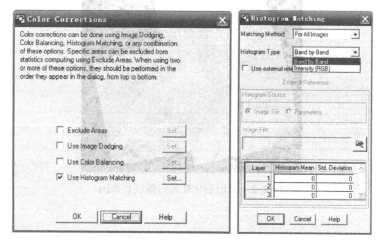

图 8.4 色彩改正对话框

一般采用直方图匹配，选中 Use Histogram Matching 多选框，点击 Set 按钮，可以进一步设置直方图匹配参数，如选择直方图匹配的范围（整幅影像还是仅重叠区域）和直方图类型（每个波段间都进行匹配还是仅对亮度匹配）。

3. 设置重叠区域相交方式

点击 图标，进入设置相交区域设置模式，单击 *fx* 设置相交区域灰度计算函数（见图 8.5）。此时，有两种方式可供选择：一种是不设置裁切线，将整个重叠区域进行灰度重新计算；另一种是设置存在裁切线，对裁切线两侧一定距离的缓冲区进行灰度重新计算。

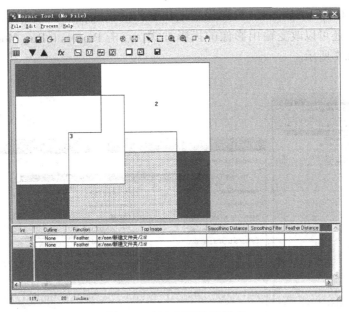

图 8.5 相交区域设置模式

当选择不存在裁切线时（No Cutline Exist），有 6 种重叠区域灰度计算方法（见图 8.6 左图）。一般选择羽化方法（Feature），可以有效地消除接边。

当选择存在裁切线时（Cutline Exist），可以选择沿裁切线的羽化方法，同时还可以选择是否进行沿裁切线的低通滤波（见图 8.6 右图）。此时，要求影像中必须有裁切线的存在，可以点击 ▱ 图标自动生成裁切线，单击 ▱ 图标人工绘制裁切线。

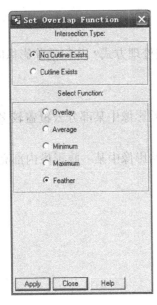 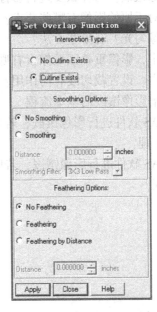

图 8.6 重叠区域相交方式确定

4. 输出镶嵌影像

点击 Edit | Output Opitions，可以设置输出影像的模式，如影像输出的格式、量化比特和分辨率等，还可以改变输出影像的投影方式。点击 Process | Run Mosaic 输出镶嵌后的影像。如图 8.7 所示。

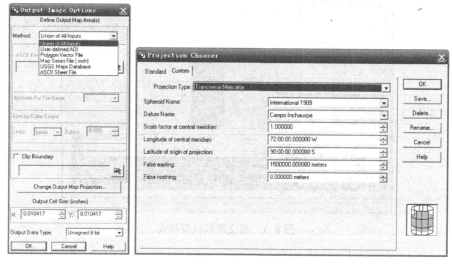

图 8.7 镶嵌影像输出设置

8.6 习　　题

1. 什么是影像镶嵌？为什么要进行影像镶嵌？
2. 影像镶嵌对于原始影像有哪些要求？
3. 什么是影像匀光？有哪些方法？
4. 影像镶嵌中，影像重叠区域像素有哪些处理方式？如何消除影像间的接缝？
5. 影像镶嵌中，设置裁切线有何作用？
6. 简述多光谱影像镶嵌的基本流程。
7. 利用 ERDAS 软件进行影像镶嵌，若原始影像中某部分云覆盖较多，不想让其参与镶嵌，应该如何处理？
8. 利用 ERDAS 软件进行影像镶嵌，若原始影像中某一幅影像内部亮度或色彩差异较大，应该如何处理？

第 9 章 遥感图像解译

9.1 实习内容及要求

1. 实习内容
(1) 了解遥感图像解译标志和揭示标志的概念及特点；
(2) 了解图像目视解译的方法；
(3) 熟悉遥感图像目视解译的主要过程；
(4) 实际遥感影像的目视解译。

2. 实习要求
通过实际影像的目视解译实习，掌握遥感图像目视解译的方法及其过程。

9.2 遥感解译标志

解译标志是指遥感图像中由光谱、辐射、空间和时间特征等决定的图像视觉效果、表现形式和计算特点的差异。具体表现为物体在图像上的色调、色彩、形状、大小、位置、细部和阴影等方面的差异，这些差异给出了区分遥感图像中物体或现象的可能性。

解译标志是指在目视观察时借以将物体彼此分开的被感知对象的典型特征。其中包括形状、尺寸、细部、光谱辐射特性、物体的阴影、位置、相互关系和人类活动的痕迹。揭示标志的等级决定于物体的性质、它们的相对位置及与周围环境的相互作用等。这些限制了大部分标志的相对稳定性，它们可能导致揭示标志的某些变种的出现（关泽群，2007）。

由识别的观点来看，解译标志就是以遥感图像的形式传递的揭示标志。遥感系统在传递信息中由分辨率的、投影的、辐射的以及其他方面的变化，都影响着解译标志的形成。这就使得解译标志分级的多样化。实际上，在每一幅图像上，同一个地物图像的解译标志都会有新的表现（关泽群，2007）。

解译标志是研究、比较和区分地物图像的条件。图 9.1 显示了不同影像上表现出来的解译标志，通过这些解译标志可以方便目视判读出各类地物的属性（关泽群，2007）。

(1) 色调。在全色波段或单一波段影像上表现为黑白深浅程度，是地物电磁辐射能量大小或地物波谱特征的综合反映。同一地物在不同波段的图像上存在色调差异，同一波段的影像上，由于成像时间和季节的差异，即使同一地区同一地物的色调也会不同。

(2) 形状。指各种地物的外形、轮廓。从高空观测地面物体形状是在 X-Y 平面内的投影；不同物体显然其形状不同，其形状与物体本身的性质和形成有密切关系。如图 9.2 所示。

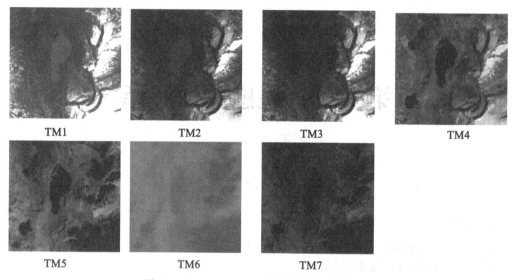

图 9.1 LANDSAT ETM 不同波段的色调特征

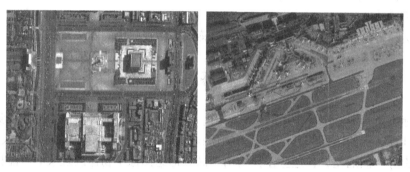

图 9.2 形状（人民大会堂、飞机和飞机场）

（3）位置。地物存在的地点和所处的环境，各种地物都有特定的环境，因而它是判断地物属性的重要标志，例如位于飞机跑道上的弹坑。如图 9.3 所示。

图 9.3 位于飞机跑道上的弹坑

(4) 大小。地物的尺寸、面积、体积在图像上按比例缩小后的相似性记录。如图9.4所示。

图9.4 大小（分辨率0.5m，注意比较汽车、建筑物与行人）

(5) 纹理。图像上细部结构以一定频率重复出现，是单一特征的集合，组成纹理的最小细部结构称为纹理基元，纹理反映了图像上目标物表面的质感，例如，草场及牧场看上去平滑，阔叶林呈现粗糙的簇状特征。图9.5是武汉大学信息学部操场和友谊广场，梧桐树呈现簇状纹理特征，草坪则呈现平滑的纹理特征。

图9.5 纹理（分辨率0.5m）

(6) 阴影：由于地物高度的变化，阻挡太阳光照射而产生的阴影。既表示了地物隆起的高度，又显示了地物侧面形状。如图9.6所示。

图9.6 阴影（铁塔和高层建筑物）

(7) 图案 (Pattern)。目标物有规律的组合排列而形成的图案,它可反映各种人造地物和天然地物的特征,如农田的垄、果树林排列整齐的树冠等,各种水系类型、植被类型、耕地类型等也都有其独特的图形结构。如图9.7所示。

图9.7 图案(居民地和农田)

(8) 典型地物的SAR影像特征。如图9.8所示。

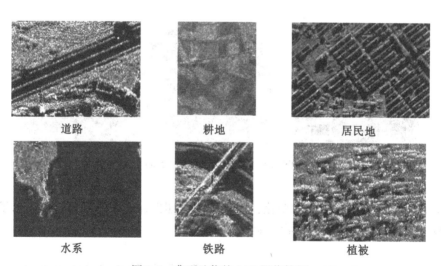

图9.8 典型地物的SAR影像特征

9.3 目视解译方法

9.3.1 直接判读法

根据解译对象在影像中表现出来的形状和色彩等解译标志直接解译出目标类别。如图9.9所示,通过云层色彩和形状可以判断台风的位置和移动情况等信息。

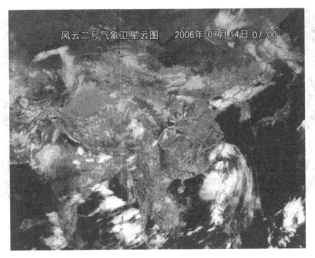

图 9.9　风云二号卫星影像图

9.3.2　对比分析法

由于地物在不同时相、不同波段、不同传感器的影像中的表现形式不同（形状、色彩等解译标志的不同），可以通过比较分析这些影像解译出目标类别。如图 9.10 和图 9.11 所示，通过对比多光谱遥感影像在灾害发生前后的形状和色彩对比，可以判读出山体滑坡的情况。如图 9.12 所示，通过对比火灾前后遥感影像上的色彩变化可以判读出火灾受灾程度和面积等信息。如图 9.13 所示，通过对比 SAR 影像上色彩和形状的差异可以判读出干旱受灾面积和程度。如图 9.14 所示，多波段影像上河流的形状和色彩等解译标志，可以判读出河流的属性和位置。

图 9.10　利用多光谱遥感影像进行台湾新竹区林区受灾前后对比

2000年12月28日　　　　　2001年9月12日

图9.11　利用IKONOS通过形状对比分析评估损失状况

图9.12　2006年香港大揽郊野公园火灾（左图为灾前，右图为灾后）

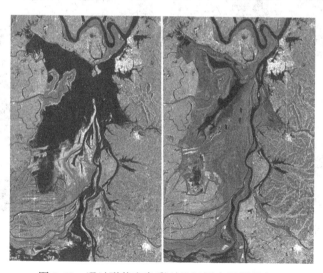

图9.13　通过形状和色彩对比解译出干旱受灾区

图 9.14 多波段影像对比解译河流
(左图为绿色通道，右图为近红外通道，右图黑色线条为河流)

9.3.3 地理相关分析法

通过地物之间的位置、大小、形状和邻接关系等信息解译目标。例如桥梁与河流共存，乡村道路通往居民房，码头建在河流和湖泊边上，飞机在机场上，船只在河流和湖泊上等。如图 9.15～图 9.17 所示，都是通过地理相关信息判读相片上地物类型的实例。

图 9.15 IKONOS 影像
(飞机场边上停着飞机，飞机附近建筑是机场候机厅及附属设施等建筑)

图 9.16 QuickBird 影像
(人民大会堂前面是英雄纪念碑)

图 9.17 TM 影像

(通过长江、汉江、白沙洲、东湖的地理关系，可以相互辅助解译目标)

9.4 目视解译过程

1. 准备工作

搜集和分析相关资料，根据影像的获取遥感平台，成像方式，成像日期、季节、影像比例尺、空间分辨率等选择合适的影像数据，从而有利于目视解译，提高解译的可行性和成功率。此外，还须掌握解译地区实地情况，将其与影像对应分析，以确认二者之间的关系。

相关资料主要包括：收集近期各类型卫星遥感影像、详查原始相片与土地利用现状图、新增建设土地报批资料、耕地后备资源调查资料、土地开发整理补充调查和潜力调查资料等。

2. 建立解译标志

根据影像特征，即形状、大小、阴影、色调、颜色、纹理、图案、位置和布局建立起影像和实地目标物之间的对应关系。

3. 室内预解译

根据解译标志并运用直接解译法、相关分析方法和地理相关分析法等对影像进行解译，勾绘类型界线，标注地物类别，形成预解译图。

4. 野外实地调查

在室内预解译的图中不可避免地存在错误或者难以确定的类型，就需要野外实地调查与检证。包括地面路线勘察，采集样品（例如岩石标本、植被样方、土壤剖面、水质分析等），着重解决未知地区的解译成果是否正确。

5. 内外业综合解译

根据野外实地调查结果，修正预解译图中的错误，确定未知类型，细化预解译图，形成正式的解译原图。

6. 解译成果的类型转绘与制图

将解译原图上的类型界线转绘到地理底图上，根据需要，可以对各种类型着色，进行图面整饰、形成正式的专题地图。

9.5 土地利用分类

土地是指自然地理各要素,包括地貌、气候、水文、植被和土壤,以及人类活动影响在内,于地表环境某一段内相互联系、相互作用所形成的自然综合体。土地利用是指人类依据土地资源的自然属性特点有目的地加以利用的实况。

我国土地利用分类体系分为一、二、三级,如表 9.1 所示。

表 9.1　　我国土地利用分类体系表

一级类		二级类		三级类		含义
编号	名称	编号	名称	编号	名称	
1	农用地					指直接用于农业生产的土地,包括耕地、园地、林地、牧草地及其他农用地。
		11	耕地			指种植农作物的土地,包括熟地、新开发复耕整理地、休闲地、轮歇地、草田轮作地;以种植农作物为主,间有零星果树、桑树或其他树木的土地;平均每年能保证收获一季的已垦滩地和海涂。耕地中还包括南方宽<1.0m,北方宽<2.0m的沟、渠、路和田埂。
				111	灌溉水田	有水源保证和灌溉设施的耕地,在一般年景能正常灌溉,用于种植水生作物的耕地,包括灌溉的水旱轮作地。
				112	望天田	指无灌溉设施,主要依靠天然降雨,用于种植水生作物的耕地,包括无灌溉设施的水旱轮作地。
				113	水浇地	指水田、菜地以外,有水源保证和灌溉设施,在一般年景能正常灌溉的耕地。
				114	旱地	指无灌溉设施,靠天然降水种植旱作物的耕地,包括没有灌溉设施,仅靠引洪淤灌的耕地。
				115	菜地	指常年种植蔬菜为主的耕地,包括大棚用地。
		12	园地			指种植以采集果、叶、根颈等为主的集约经营的多年生木本和草本作物(含其苗圃),覆盖度大于50%或每亩有收益的株数达到合理株数70%的土地。
				121	果园	指种植果树的园地
				121K	可调整果园	指由耕地改为果园,但耕作层未被破坏的土地。*
				122	桑园	指种植桑树的园地
				122K	可调整桑园	指由耕地改为桑园,但耕作层未被破坏的土地。*
				123	茶园	指种植茶树的园地
				123K	可调整茶园	指由耕地改为茶园,但耕作层未被破坏的土地。*
				124	橡胶园	指种植橡胶树的园地
				124K	可调整橡胶园	指由耕地改为橡胶园,但耕作层未被破坏的土地。*
				125	其他园地	指种植可可、咖啡、油棕、胡椒、花卉、药材等其他多年生作物的园地。
				125K	可调整其他园地	指由耕地改为其他园地,但耕作层未被破坏的土地。*

续表

一级类		二级类		三级类		含义
编号	名称	编号	名称	编号	名称	
1	农用地	13	林地			指生长乔木、竹类、灌木、沿海红树林的土地。不包括居民地绿地以及铁路、公路、河流、沟渠的护路、护岸林。
				131	有林地	指树木郁闭度≥20%的天然、人工林地。
				131K	可调整有林地	指由耕地改为有林地,但耕作层未被破坏的土地。*
				132	灌木林地	指覆盖度≥40%的灌木林地。
				133	疏林地	指树木郁闭度≥10%但<20%的疏林地。
				134	未成林造林地	指造林成活率大于或等于合理造林数的41%,尚未郁闭但有成林希望的新造林地(一般指造林后不满3~5年或飞机播种后不满5~7年的造林)。
				134K	可调整未成林造林地	指由耕地改为未成林造林地,但耕作层未被破坏的土地。*
				135	迹地	指森林采伐、火烧后,五年内未更新的土地。
				136	苗圃	指固定的树木育苗地。
				136K	可调整苗圃	指由耕地改为苗圃,但耕作层未被破坏的土地。*
		14	牧草地			指生草本植物为主,用于畜牧业的土地。
				141	天然草地	指以天然草本植物为主,未经改良,用于放牧或割草的草地,包括以牧为主的疏林、灌木草地。
				142	改良草地	指采用灌溉、排水、施肥、松耙、补植等措施进行改良的草地。
				143	人工草地	指人工种植的牧草地,包括人工培植用于牧业的灌木地。
				143K	可调整人工草地	指由耕地改为人工草地,但耕作层未被破坏的土地。*
		15	其他农用地			指上述耕地、园地、林地、牧草地以外的农用地。
				151	畜禽饲养地	指以经营性养殖为目的的畜禽舍及其相应附属设施用地。
				152	设施农业用地	指进行工厂化作物栽培或水产养殖的生产设施用地。
				153	农村道路	指农村南方宽≥1.0m,北方宽≥2.0m的村间、田间道路(含机耕道)。
				154	坑塘水面	指人工开挖或天然形成的蓄水量在10万立方米(不含养殖水面)的坑塘常水位以下的面积。

续表

一级类		二级类		三级类		含义	
编号	名称	编号	名称	编号	名称		
1	农用地	15	其他农用地	155	养殖水面	指人工开挖或天然形成的专门用于水产养殖的坑塘水面及其相应附属设置用地。	
						155K	可调整养殖水面	指由耕地改为养殖水面，但耕作层未被破坏的土地。*
				156	农田水利用地	指农民、农民集体或其他农业企业等自建或联建的农田排灌沟渠及其相应附属设施用地。	
				157	田坎	主要指耕地中南方宽≥1.0m，北方宽≥2.0m的梯田田坎。	
				158	晒谷场用地	指晒谷场及上述用地中未包括的其他农用地。	
2	建设用地					指建造建筑物、构筑物的土地。包括商业、工矿、仓储、公用设施、公共建筑、住宅、交通、水利设施、特殊用地等。其中（在新的土地分类试行分类体系中的）21~25及28等6个二级类（含所属三级类）及"交通用地"中的266个三级类暂不启用，仍适用原土地利用现状分类中的"居民点及工矿用地"地类进行，"居民点及工矿用地"中包含的农用地、水域、其他建设用地，过渡期暂不变动。	
		20	居民点及独立工矿用地			指城乡居民点、独立居民点以及居民点以外的工矿、国防、名胜古迹等企事业单位用地。	
				201	城市	指城市居民点。	
				202	建制镇	指设建制镇的居民点。	
				203	农村居民点	指镇以下的居民点。	
				204	独立工矿用地	指居民点以外的各种工矿企业、采石场、砖瓦窑、仓库及其他企事业单位的建设用地，不包括附属于工矿、企事业单位的农副业生产基地。	
				205	盐田	指以经营盐业为目的，包括盐场及附属设施用地。	
				206	特殊用地	指居民点以外的国防、名胜古迹、风景旅游、墓地、陵园等用地。	
		26	交通运输用地			指用于运输通行的地面线路、场站等用地，包括民用机场、港口、码头、地面运输管道和居民点道路及其相应附属设施等用地。	
				261	铁路用地	指铁道线路及场站用地，包括路堤、路堑、道沟及护路林及其他附属设施用地。	
				262	公路用地	指国家和地方公路（含乡镇公路），包括路堤、路堑、道沟、护路林及其他附属设施用地。	
				263	民用机场	指民用机场及其相应附属设施用地。	
				264	港口码头用地	指人工修建的客、货运、捕捞船舶停靠的场所及其相应附属建筑物，不包括常水位以下部分。	
				265	管道运输用地	指运输煤炭、石油和天然气等管道及其相应附属设施的用地。	

续表

一级类		二级类		三级类		含义
编号	名称	编号	名称	编号	名称	
2	建设用地	27	水利设施用地			指用于水库、水工建筑的土地。
				271	水库水面	指人工修建总库容≥10万立方米，正常蓄水位以下的面积。
				272	水工建筑用地	指除农田水利用地以外的人工修建沟渠（包括渠槽、渠堤、护堤林）、闸、坝、堤路林、水电站、扬水站等常水位以上的水工建筑用地。
3	未利用地					指农用地和建设用地以外的土地。
		31	未利用土地			指目前还未利用的土地，包括难利用的土地。
				311	荒草地	指树木郁闭度<10%，表层为土质，生长杂草，不包括盐碱地、沼泽地和裸土地。
				312	盐碱地	指表层盐碱聚集，只生长天然耐盐植物的土地。
				313	沼泽地	指经常积水或渍水，一般生长湿生植物的土地。
				314	沙地	指表层为沙覆盖，基本无植被的土地，包括沙漠，不包括水系中的沙滩。
				315	裸土地	指表层土质，基本无植被覆盖的土地。
				316	裸岩石砾地	指表层为岩石或石砾，覆盖面积≥70%的土地。
				317	其他未利用的土地	包括高寒荒漠、苔原等尚未利用的土地。
		32	其他土地			指未列入农用地、建设用地的其他水域地。
				321	河流水面	指天然形成或人工开挖河流常水位岸线以下的土地。
				322	湖泊水面	指天然形成的积水区常水位岸线以下的土地。
				323	苇地	指生长芦苇的土地，包括滩涂上的苇地。
				324	滩涂	指沿海大潮高潮位与低潮位之间的潮浸地带；河流、湖泊常水位至洪水位间的滩地；时令湖、河洪水位以下的滩地；水库、坑塘的正常蓄水位与最大洪水位间的滩地。不包括已利用的滩涂。
				325	冰川及永久积雪	指表层被积雪常年覆盖的土地。

注：*指生态退耕以外，按照国土资发（1999）5111号文件规定，在农业结构调整中将耕地调整为其他农用地，但未破坏耕作层，不作为耕地减少衡量指标。按文件下发时间开始执行。

下面以农村土地调查中，各地类在遥感影像上的特征为例，说明不同地类在遥感影像上的解译标志。第二次全国土地调查农村土地调查中将地类划分为耕地、园地、林地、草地、商服用地、工矿仓储用地、住宅用地、公共管理与公共服务用地、特殊用地、交通运输用地、水域及水利设施用地、其他用地十二个大类。由于商服用地、工矿仓储用地、住宅用地、公共管理与公共服务用地、特殊用地在遥感影像上的解译特征很相似，故把他们合并为城镇村及工矿用地。这样地类变为耕地、园地、林地、草地、城镇村及工矿用地、交通运输用地、水域及水利设施用地、其他用地八个大类。各种土地类型在遥感图像上具有其各自的解译特点，表 9.2 给出了除其他用地以外其余七类地类的遥感解译标志，以及在 DMC 航空影像中的图像示例。

表 9.2　　　　　　　　　　土地一级分类的遥感解译标志

土地类型	图像示例	解译标志
耕地		耕地色调以绿色为主，作物成熟或收割季节可呈现其他颜色。条带状细密纹理，阴影不明显，多与水系、灌溉设施等邻近。旱地地块通常面积较大，形状规则，具有明显的田坎边界且线条柔和。而水田的地块较小，多呈规则的矩形，纹理光滑致密，含水量较大的田块色调较暗。梯田呈平行的圈环状构造等。南方的耕地图斑面积通常比北方小。
园地		园地的遥感解译特征容易与耕地和林地相混淆，一定要格外注意。园地呈浓绿色调，大小不定，一般有规则的形状或明显的边界特征，纹理呈条带状、碎斑点状，颗粒感明显，阴影明显，也呈斑点状特点，多与水系、灌溉设施、建筑设施等邻近。
林地		林地呈深绿色调，条带状或面状分布，通常边界不明显，离居民点相对较远。颗粒状纹理，阴影十分明显，但分布不均匀，阴影是识别林地的重要解译标志。
城镇村及工矿用地		遥感图像上城镇村及工矿用地色调各异，几何特征明显，形态多呈条块状，边界清晰。城镇村及工矿用地的内部纹理较均一，方向性强，阴影的方向性也较均一。
交通运输用地		一般线路呈浅色调，并且越新的道路色调越亮。铁路、公路等线条分明、纹理均一、通常比较平直。农村道路虽然一般比高等级的公路窄一些，但线性特征仍然明显，并与公路、居民点相通。站场、航空港、码头、港口等可以用其指示物来予以判别，如集装箱、飞机等。管道运输用地由于通常埋藏于地下，遥感解译特征很难建立，可以通过一定的指示物和关联物进行判别。

续表

土地类型	图像示例	解译标志
水域及水利设施用地		水域的颜色以蓝黑为主,水陆边界清晰,纹理细腻均一。水利设施通常沿水域分布,几何特征明显。滩涂一般沿水域分布,多为浅色图斑,纹理细腻。

需要注意的是,遥感解译标志只是认定地类的参照标准之一,有些地类的认定并不能完全按照遥感图像上看到的地物来认定,还需要结合一定的规则和方法,并通过实地调绘验证。

9.6 土地利用分类目视解译

1. 影像数据及工具准备

图9.18~图9.20分别为武汉大学校区全色、彩色和彩红外航片。首先了解这两类遥感影像的成像特点、色调变化和分辨率等信息。

图9.18 彩色航片　　　　　图9.19 全色航片　　　　　图9.20 彩红外航片

目视解译过程中需要使用的其他工具还包括透明纸、铅笔、橡皮擦、皮尺、计算机、Erdas遥感软件等。

2. 土地分类体系学习

熟悉土地分类体系(见表9.1),了解解译地区已有的土地利用现状资料,从而对解译地区可能存在的土地类型产生感性认识(关泽群,2007)。

由于解译地区属于高校教育用地,该区域可能存在操场、教学楼、教师居住点、苗圃、林地、人工草地、交通运输用地、湖泊水面等土地利用类型。

3. 建立各种土地利用类型解译标志

解译之前首先对该地区各种土地类型可能表现出来的影像特征进行分析,建立相应的解译标志,为接下来目视解译打下坚实基础。解译标志包括:大小、形状、色调、阴影、纹理、图形、位置及与周围的关系(关泽群,2007)。

完成表9.3~表9.5，从而建立解译地区相应的解译标志。

表9.3　　　　　　　　　彩色航片上待解译地区土地利用分类解译标志

土地类型 \ 解译标志	大小	形状	色调	纹理	位置	其他
1						
2						
3						
4						
5						
⋮						

表9.4　　　　　　　　　全色航片上待解译地区土地利用分类解译标志

土地类型 \ 解译标志	大小	形状	色调	纹理	位置	其他
1						
2						
3						
4						
5						
⋮						

表9.5　　　　　　　　　彩红外航片上待解译地区土地利用分类解译标志

土地类型 \ 解译标志	大小	形状	色调	纹理	位置	其他
1						
2						
3						
4						
5						
⋮						

4. 室内预解译

通过直接判读法、全色和彩红外航片对比分析法，对影像中的不同的土地利用类型进行预判读。并根据待解译地区已有的土地利用现状资料，在工作草图（影像地图叠加透明纸）上标明各类土地类型的区域（图斑）及其土地分类编号。即主要解译并标明操场、道路、苗圃、居民地、水系、林地、草地、裸土地及其他土地利用类型等。对于无法通过直接判读法、对比分析法解译的，或者无法肯定的利用类型应该特别注明，在野外实地调查时应着重调查。对于影像中与已有土地利用现状资料存在差异的区域也应特别注明，待野外实地调查时确定（关泽群，2007）。

具体预解译步骤如下：

（1）在全色航片上解译出主要的土地利用类别，并标注在工作草图上；

（2）在彩红外航片上解译出主要的土地利用类别，并标注在工作草图上；

（3）比较在两种不同影像上解译出来的类别异同，通过比较分析确定它们的对应关系，对于存在差异的区域应特别注明，待野外实地调查确定；

（4）将解译结果与已有土地利用现状资料相比较，通过比较分析确定它们的对应关系，对于存在差异的区域应特别注明，待野外实地调查确定。

5. 野外实地调查

带上室内预解译得到的工作草图以及皮尺、铅笔、红笔等工具。

根据解译标志，通过实地观测土地利用的分布和相互关系核实室内解译结果，尤其对存在不确定的土地利用类型应特别查明核实。对变化要素进行外业实地调绘、核实和补测，同时用皮尺丈量有关地形地物，并填写《更新调查外业调绘、补测记录表》（关泽群，2007）。具体步骤如下：

（1）对内业解译的变化图斑进行实地核实，确定其变化后的地类，用铅笔在工作底图上标明图斑的地类。对内业解译错误的图斑应在工作草图上用红色笔标明；

（2）对遥感图像与实地不一致的地方进行调绘。由于遥感图像反映的是某一时段该地区的实地情况，其与目前实地现状可能存在不一致的地方，因此还有必要进行实地调绘，并通过实地丈量方式把遥感影像中未反映的图斑绘制到工作草图上；

（3）误判率评估：评估自己的成果，计算错判的面积。

6. 内外业综合解译

将内外业解译和调查的结果进行综合分析，修正预解译的错判图斑，形成最终的解译成果。

7. 解译成果类型转绘和制图

内外业目视解译完成之后，必须把解译结果加以转绘和制图，以专题图或遥感影像图的形式表现出来。利用 Erdas 等遥感影像可以将解译结果转绘到遥感图像中，并进行着色和专题图输出（关泽群，2007）。具体步骤如下：

（1）应用 Erdas 软件中的 AOI 工具将解译和调绘的草图进行屏幕数字化输入（勾绘土地利用地类的边界）；

（2）应用 Erdas 软件的专题制图模块进行编辑制图。

8. 成果提交

提交解译成果，包括内外业解译工作草图以及 Erdas 输出的专题图。

9.7 习　　题

1. 什么是遥感图像解译标志？它包括哪些主要特征？
2. 遥感图像目视解译的方法包括哪些？

3. 详细介绍遥感图像目视解译的过程。
4. 简述我国土地利用分类体系的主要结构。
5. 简述土地利用分类的目视解译过程。

第 10 章　遥感图像分类

10.1　实习内容及要求

本章主要介绍遥感图像的主要监督分类以及非监督分类方法，并利用 ERDAS 对遥感图像分别进行图像的监督以及非监督分类。要求通过本章实习能够掌握遥感图像监督分类以及非监督分类的原理和方法，并掌握在 ERDAS 中进行非监督以及监督分类的操作方法。

10.2　非监督分类法

遥感图像上的同类地物在相同的表面特征结构、植被覆盖、光照等条件下，一般具有相同或相近的光谱特征，从而表现出某种内在的相似性，归属于同一个光谱空间区域；不同的地物，光谱信息特征不同，归属于不同的光谱空间区域。非监督分类方法即是依据于此而发展起来的一类图像分类方法。从定义上来讲，非监督分类是指人们事先对分类过程不施加任何的先验知识，仅凭据遥感影像地物的光谱特征的分布规律，利用自然聚类特性进行图像分类。其分类的结果，只是对不同类别达到了区分，并不确定类别的属性，其属性是通过事后对各类的光谱响应曲线进行分析，以及与实地调查相比较后确定的。

非监督分类主要采用聚类分析的方法，聚类是把一组像素按照相似性归成若干类别。它的目的是使得属于同一类别的像素之间的距离尽可能的小而不同类别上像素间的距离尽可能的大。在进行聚类分析时，首先要确定基准类别的参量。而非监督分类的情况下，并无基准类别的先验知识可以利用，因而，只能先假定初始的参量，并通过预分类处理来形成集群。再由集群的统计参数来调整预制的参量，接着再聚类、再调整。如此不断地迭代，直到有关参数达到允许的范围为止。非监督算法的核心问题是初始类别参数的选定，以及它的迭代调整问题。

主要过程如下：

(1) 确定初始类别参数，即确定最初类别数和类别中心；
(2) 计算每一个像元所对应的特征矢量与各集群中心的距离；
(3) 选与中心距离最短的类别作为这一矢量的所属类别；
(4) 计算新的类别均值向量；
(5) 比较新的类别均值与原中心位置上的变化。若位置发生了变化，则以新的类别均值作为聚类中心，再从第 2 步开始反复迭代操作；
(6) 如果聚类中心不再发生变化，计算停止。

10.2.1 模式样本设定

不管采用何种分类方法,都需要预先确定一个模式样本,即初始类别参数。初始类别参数是指:各基准类别集群中心以及集群分布的协方差矩阵。目前来讲,总体直方图均匀定心法以及最大最小距离选心法是应用最为广泛的两种初始类别参数选定法。

1. 总体直方图均匀定心法

总体直方图均匀定心法是在整幅遥感图像的总体直方图的基础上进行类别中心选定的。设总体直方图的均值和方差分别为 $M = [m_1, m_2, \cdots, m_n]^T$ 和 $\sum = [\sigma_1^2, \sigma_2^2, \cdots, \sigma_n^2]^T$,其中

$$\left. \begin{aligned} m_i &= \frac{1}{N} \sum_{j=1}^{N} x_{ij} \\ \sigma_1^2 &= \frac{1}{N-1} \sum_{j=1}^{N} (x_{ij} - m_i)^2 \end{aligned} \right\} \quad (10.1)$$

式中,i 为波段号,j 为像素点号,x_{ij} 为像素 j 在第 i 波段的亮度值,n 为波段数;N 为像素总数。

先假设有 K 个初始类别,每个初始类别集群中心位置 $Z_k (k = 1, 2, \cdots, K)$ 可按下式确定

$$Z_{ki} = m_i + \sigma_i [2(k-1)/(K-1) - 1] \quad (i = 1, 2, \cdots, n) \quad (10.2)$$

2. 最大最小距离选心法

最大最小距离选心原则是使各初始类别之间,尽可能地保持远距离。该方法首先在整幅图像中按一定方式获取一个抽样的像素集合,然后按以下步骤进行选心处理:

(1) 取抽样集中任一像素特征点作为第一个初始类别的中心。

(2) 计算该中心与其他各抽样点之间的距离,取与之最远的那个抽样点作为第二个初始类别中心。

(3) 对于剩余的每个抽样点,计算它到已有各初始类别中心的距离,并取其中的最小距离作为该点的代表距离。

在此基础上,在对所有各剩余点的最小距离进行相互比较,去除其中最大者,并选择与该点最大的最小距离相应的抽样点作为一个新的初始类别中心点。

(4) 重复上面步骤,直到初始类别的个数达到需要的个数为止。

10.2.2 ISODATA 法

ISODATA (Iterative Self-organizing Data Analysis Techniques Algorithm) 称为"迭代自组织数据分析算法"。在 ISODATA 法中,不仅可以通过调整样本所属类别完成样本的聚类分析,而且可以自动地根据一定的规则进行类别的"合并"和"分裂"操作,从而得到比较合理的聚类结果。也正因为如此,ISODATA 是目前应用最为广泛的非监督分类方法之一。ERDAS 中也仅提供了 ISODATA 方法来进行遥感图像的非监督分类。

ISODATA 算法是一种典型的逐步趋近的算法,主要步骤是聚类、集群的分裂与合并等处理。其基本步骤如下:

第一步:制定下列控制参数。

N——所要求的类别数;

I——允许迭代的次数;

T_n——每类集群中样本的最小数目;

T_s——集群分类标准,每个类的分散程度的参数;

T_c——集群合并标准,即每两个类中心的最小距离。

第二步:聚类处理。

在已选定的初始类别参数的基础上,按任一种距离判别函数进行分裂判别,从而获得每个初始类别的集群成员。同时,对每一类集群累计其成员总数、总亮度、各类的均值以及方差。

第三步:类别的取消处理。

对上次趋近后的各类样本总数 n_i 进行检查,若 $n_i < T_n$,表示该类不可靠,删除该类同时修改类别数 $N_i = N_i - 1$,返回第二步。

第四步:判断迭代是否结束。

若此迭代次数已达到指定的次数或者该次迭代所算得的各类中心与上次迭代结果差别很小,则趋近结束。此时各聚类类别的有关参数将作为基准类别参数,并用于构建最终的判别函数。否则,继续进行以下各步骤。

第五步:类别的分裂处理。

对目前的每一类进行判断。判断其最大的标准差分量是否超过限值,如果某类超过限值,而且满足下列条件之一者,则该类需要进行分裂处理。

$$\left. \begin{array}{l} N_i < \dfrac{N}{2} \\ \overline{\sigma}_i > \sigma \end{array} \right\} \quad (10.3)$$

式中,$\overline{\sigma}_i = \dfrac{1}{n} \sum_{j=1}^{n} \sigma_{ij}$,$\sigma = \dfrac{1}{N_i} \sum_{i=1}^{N_i} \overline{\sigma}_i$。

当分类过程结束后,则返回第二步进行下一次迭代。如果在本步骤中没有作分裂处理,则转入下一步合并处理。

第六步:类别的合并处理。

首先对已有的类别计算每两类中心间的距离 D_{ik},然后将所有计算的距离与距离限值进行比较,若 $D_{ik} < T_c$,则将这两类合并为一类。

在迭代过程中,每次合并后类别的总数不应小于指定的类别 N 的一半,同时在同一次迭代中已经参与合并处理的原类别不再与其他类别合并。合并处理完毕后返回下一步进行下一次迭代。

ISODATA 法的实质是以初始类别为"种子"进行自动迭代距离的过程,该方法自动地进行类别的"合并"和"分裂",相应的各类别参数也在不断的聚类调整中逐渐确定,并最终完成非监督分类。

10.3 监督分类法

如果事先通过对分类地区的目视判读、实地勘察或结合 GIS 信息已经获得了样本区类别的信息,那么就可以利用监督分类的方法来对遥感图像进行分类。监督分类的思想是:首先根据已知的样本类别和类别的先验知识,确定判别函数和相应的判别准则,其中利用一定数量已知类别样本的观测值求解待定参数的过程称为学习或训练，然后将未知类别的样本观测值代入判别函数，再依据判别准则对该样本的所属类别作出判定。常用的监督分类方法有最大似然分类法、最小距离分类法、马氏距离分类法等。

10.3.1 训练样区选择

训练样区中应该包括研究范围内的所有要区分的类别，通过它可获得需要分类的地物类型的特征光谱数据，由此可建立判别函数，作为计算机自动分类的依据。因此，训练区的选择对于监督分类是非常重要的，在选择训练样区时应该注意以下问题：

（1）训练样区必须具有典型性和代表性，即所含类型应与研究地域所要区分的类别一致。且训练场地的样本应在各类地物面积较大的中心部分选择，而不应在各类地物的混交地区和类别的边缘选取，以保证数据具有典型性，从而能进行准确的分类。

（2）在确定训练样区的类别专题属性的信息时，应确定所使用的地图，实地勘察等信息应该与遥感图像保持时间上的一致性，防止地物随时间变更而引起的分类模板设定错误。

（3）在训练样本数目的确定上，为了参数估计结果比较合理和便于分类后处理，样本数应当增多又不至于计算量过大，在具体分类时要看对图像的了解程度和图像本身的情况来确定提取的样本数量。

（4）训练区样本选择后可做直方图，观察所选样本的分布规律，一般要求是单峰，近似于正态分布曲线。如果是双峰，则类似两个正态分布曲线重叠，则可能是混合类别，需要重做。

训练区的选取方式有按坐标输入式和人机对话式两类。按坐标输入式是预先把实地辨认的各类抽样地物转绘到地图上去，量测其在选定坐标系中的位置，再把量测数据输入计算机并映射到遥感图像的相应部位上去。人机对话式是利用鼠标选定辨认出的图像地物所在的地区并用鼠标勾画出一小块 AOI 区域以构建训练区。

10.3.2 最大似然分类法

最大似然分类法是最经常使用的监督分类方法之一，它是通过计算每个像素对于各类别的归属概率，把该像素分到归属概率最大的类别中去的方法。最大似然法假定训练区地物的光谱特征和自然界大部分随机现象一样，近似服从正态分布，按正态分布规律用贝叶斯判别规则进行判别，得到分类结果。根据特征空间的概念可知，地物点可以在特征空间找到相应的特征点，并且同类地物在特征空间形成一个从属于某种概率分布的集群。由此，我们可以把某种特征矢量 X 落入某类集群 w_i 的条件概率 $P(w_i/X)$ 当成分类判别函数（概率判别函数），把 X 落入某集群的条件概率最大的类为 X 的类别，这种判别规则就是贝叶斯判别规则。贝叶斯判别是以错分概率或风险最小为准则的判别规则。

假设，同类地物在特征空间服从正态分布，根据贝叶斯公式，类别 w_i 的概率密度函数如下：

$$P(w_i/X) = \frac{P(X/w_i) \cdot P(w_i)}{P(X)} \tag{10.4}$$

式中，$P(w_i)$ 为先验概率，即在被分类的图像中类别 w_i 出现的概率。

$P(X/w_i)$ 为类别 w_i 的似然概率，它表示在 w_i 这一类中出现 X 的概率。所有属于 w_i

的像元出现的概率密度知道后，就可以画出 w_i 的概率分布曲线。有多少类别就有多少分布曲线。由此可知，只要有一个已知的训练区域，用这些已知类别的像元做统计就可以求出平均值及方差、协方差等特征参数，从而可以求出总体的先验概率。在不知道的情况下，也可以认为所有的 $P(w_i)$ 为相同。

$P(w_i、X)$ 为 X 属于 w_i 的概率，也称后验概率。

$P(X)$ 表示不管什么类别，X 出现的概率：

$$P(X) = \sum_{i=1}^{m} P(X/w_i) P(w_i) \tag{10.5}$$

从式中可以看出 $P(X)$ 与类别 w_i 无关，对各类来说是一个公共因子，在比较大小时不起作用，因此作判别时可将 $P(X)$ 略去，所以判别函数可表示为：

$$g_i(X) = P(X/w_i) P(w_i) \tag{10.6}$$

最大似然分类方法是应用最广泛的监督分类方法，分类中所采用的判别函数是每个像元值属于每一类别的概率或可能性。实际计算中常采用经过对数变换的形式：

$$g_i(X) = \ln P(w_i) - \frac{1}{2}\ln |S_i| - \frac{1}{2}(X-M_i)^T S_i^{-1}(X-M_i) \tag{10.7}$$

式中，$P(w_i)$ 是每一类 w_i 在图像中的概率。在事先不知道 $P(w_i)$ 是多少的情况下，可以认为所有的 $P(w_i)$ 都相同，即 $P(w_i) = \frac{1}{m}$，m 为类别数。S_i 为第 i 类的协方差矩阵，M_i 为该类的均值向量，这些数据来源于由训练组产生的分类统计文件。对于任何一个像元值 X，其在哪一类中的 $g_i(X)$ 最大，就属于哪一类，即相应的判别规则为若对于所有可能的 $P(w_i) = \frac{1}{m} j = 1, 2, \cdots, m$；$j \neq i$ 有 $g_i(X) > g_j(X)$，则 X 属于 w_i 类。

应用最大可能性判别规则，再加上贝叶斯的使平均损失最小的原则，都表明 $g_i(X)$ 是一组理想的判别函数。但是，当总体分布不符合正态分布时，其分类可靠性将下降，这种情况下不宜采用最大似然分类法。此外，应用最大似然法进行遥感影像分类时，由于需要对每一个像元的分类都要进行大量的计算，因而最大似然分类所需要的时间较长。

10.3.3 最小距离分类法

最小距离法是根据各像元与训练样本中各类别在特征空间中的距离大小来决定其类别的。如图10.1所示，在以波段1光谱值为横坐标，波段2光谱值为纵坐标组成的特征空间中，类别A、B、C训练样本形成了三个类别集群类别A、类别B和类别C，其在两个波段的均值位于三个集群的中心。现有一个未知像元 x，根据其光谱亮度值计算其离类别A、B、C集群中心的距离大小，由于像元 x 在特征空间中距类别B最近，所以将 x 划分为类别B。这就是最小距离分类法的基本原理。

最小距离法的光谱距离是基于其欧式距离进行计算的：

$$SD_{xc} = \sqrt{\sum_{i=1}^{n} (\mu_{ci} - X_{xi})^2} \tag{10.8}$$

式中，n 表示波段总数；μ_{ci} 表示类别 c 训练样本中各像元在波段 i 中的光谱平均值；X_{xi} 表示像元 x 在波段 i 中的光谱值；SD_{xc} 表示像元 x 与类别 c 的光谱距离。

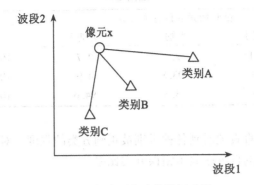

图 10.1 最小距离法分类原理图

最小距离分类法原理简单,其主要缺点是此方法没有考虑不同类别内部方差的不同,从而造成一些类别在其边界上的重叠,引起分类误差,导致分类精度不高,但计算速度快,它可以在快速浏览分类概况中使用。

10.3.4 马氏距离分类法

除用于等式中的协方差矩阵不一样,Mahalanobis 距离与最小距离相似,这种距离定义考虑了变量间(样本)相关性的影响,是一种更广义的距离定义。等式中已计算了方差与协方差,因此内部变化较大的聚类组将产生内部变化同样较大的类,反之亦然。马氏距离公式如下:

$$D = (X - M_c)^T (Cov_c^{-1})(X - M_c) \tag{10.9}$$

其中,D ——Mahalanobis 距离;

c ——某一特定类;

X ——像元 x 的光谱特征向量;

M_c ——类别 c 训练样本的平均光谱特征向量;

Cov_c ——类别 c 训练样本中像素的协方差矩阵。

马氏距离分类方法能够考虑到类别的内部变化,在必须考虑统计指标的场合,比最小距离法更有用。但如果在训练样本中像素的分布离散程度较高,则协方差矩阵中就会出现大值,易于分类误差。

10.4 分类精度评估

利用数学公式加先验知识做分类,只能尽可能接近自然特性,但不可能全部符合实际,所以做完分类计算有必要进行检验,计算分类错误概率大小,即进行后期的分类精度评估。

一般来说无法对整幅分类图进行检核每个像元是否分类正确,而是利用一些样本对分类误差进行估计。在样本采集过程中,常用的有随机取样,来自监督分类模板以及专门试验场三种方式。常用的分类精度评估是用分类混淆矩阵来进行评定的。混淆矩阵示例如表 10.1 所示。

表 10.1　　　　　　　　　　　　　混淆矩阵

实际类别	试验像元的百分率（%）				试验像元
	类别 1	类别 2	类别 3		
1	95.1	2.2	2.7	100%	255
2	1.3	93.8	4.9	100%	279
3	2.1	3.3	94.6	100%	288

从混淆矩阵中可以直观地看到各种类别被正确分类的程度。对角线中的百分率表示正确分类比率，非对角线的百分率表示错误分类比率。

10.5　实验操作

下面主要介绍基于 ERDAS 中的遥感图像非监督分类，监督分类以及分类后处理过程的主要实验操作过程。

10.5.1　遥感图像非监督分类

在 ERDAS 中，对于遥感图像的非监督分类使用的是 ISODATA 分类方法，其原理和算法流程在 10.2.2 中已作了较为详细的介绍。非监督分类操作一般分为两大过程，即初始分类以及分类调整两个过程。

1. 初始分类

（1）在 ERDAS 图标面板工具栏依次单击 DataPrep—Unsupervised Classification 或者是依次单击 Classifier—Unsupervised Classification，启动 Unsupervised Classification 对话框，如图 10.2 所示。

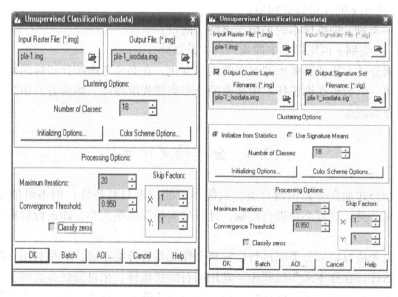

（a）方法一　　　　　　　　　（b）方法二

图 10.2　遥感图像非监督分类

需要注意的是，通过两种不同的方法启动的 Unsupervised Classification 对话框是有区别的，见图 10.2（a）与图 10.2（b）。但从两者的比较来看，图 10.2（b）相对于图 10.2（a）来说，只是增加了一个分类模板的输入和输出选项，这使得方法二能够通过导入外部已有的较好的分类模板来进行分类，提高分类效率与精度。除此之外，两者相同。这里以方法二来说明非监督分类操作。

（2）在 Input Raster File 项确定需要进行非监督分类的图像。并选定 Output Cluster Layer 以及 Output Signature Set 选项，并在对应的文本框设置输出文件路径以及文件名。

（3）在 Clustering Options 中，提供了两种聚类方法。一种为 Initialize from Statistics，该方法是按照图像的分布统计来自动初始化聚类模板；另一种为 Use Signature Means，该方法是按照选定的模板文件来作为聚类模板。由于在本操作中并无分类模板文件，故选定前一种聚类方法。

（4）单击 Initializing Options 按钮启动 File Statistics Options 设定相应的 ISODATA 统计参数（一般为默认），如图 10.3 所示。单击 Color Scheme Options 按钮启动 Output Color Scheme Options 对话框设置分类图像彩色属性如图 10.4 所示。

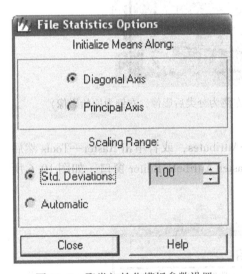

图 10.3　聚类初始化模板参数设置

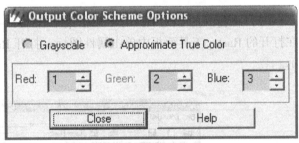

图 10.4　分类图像色彩设置

（5）设定初始分类数 Number of Classes，一般初始分类数取为最终分类数的两倍以上，这里设为 18。

（6）设定处理参数 Processing Options。设定最大循环次数为 20，即 ISODATA 算法的最大迭代次数。设置循环收敛阈值为 0.95，这里指两次分类结果相比保持类别不变的像元所占的最大百分比。

（7）单击 OK 按钮，执行非监督分类。

2. 分类调整

非监督分类的初始分类结果并没有定义各类别的专题意义以及分类色彩，因而在获得初始分类结果以后，需要进行分类调整来初步评价分类精度、确定类别专题意义和定义分类色彩，以便获得进一步的分类方案。

分类调整的步骤如下：

（1）在 Viewer 窗口中同时显示原始多波段遥感影像以及分类后的影像，图像的显示操作参见本章 4.7.3 节。需要注意的是，在打开第二幅影像的时候应该在 Raster 选项卡中取消 Clear DisPlay 复选框，以保证两幅图像能够叠加显示。ERDAS 提供的图像叠加显示有闪烁显示 Flicker，卷帘显示 Swipe 以及混合显示 Blend 3 种方法。原始图像与分类后图像卷帘叠加显示效果如图 10.5 所示。

图 10.5　原始影像以及分类后影像的 Swipe 效果（左侧为分类后影像，右侧为原始影像）

（2）在打开的 GLT Viewer 中单击菜单 Raster—Attributes，或者单击 Raster—Tools 然后在打开的 Raster 工具面板中单击属性图标，打开 Raster Attribute Editor 窗口，如图 10.6 所示。

Row	Class Names	Color	Histogram	Red	Green	Blue	Opacity
0	Unclassified		6988	0	0	0	0
1	Class 1		1461798	0	0	0	1
2	Class 2		1835424	0.05	0.05	0.05	1
3	Class 3		1315290	0.11	0.11	0.11	1
4	Class 4		1581950	0.11	0.11	0.11	1
5	Class 5		833144	0.17	0.17	0.17	1
6	Class 6		2702798	0.22	0.22	0.22	1
7	Class 7		2958622	0.28	0.28	0.28	1
8	Class 8		806776	0.33	0.33	0.33	1
9	Class 9		4011842	0.44	0.44	0.44	1
10	Class 10		4715508	0.56	0.56	0.56	1
11	Class 11		4200307	0.67	0.67	0.67	1
12	Class 12		2794574	0.78	0.78	0.78	1
13	Class 13		1830493	0.83	0.83	0.83	1
14	Class 14		2319764	0.89	0.89	0.89	1
15	Class 15		386582	0.95	0.95	0.95	1
16	Class 16		1573908	0.95	0.95	0.95	1
17	Class 17		1212302	1	1	1	1
18	Class 18		201822	1	1	1	1

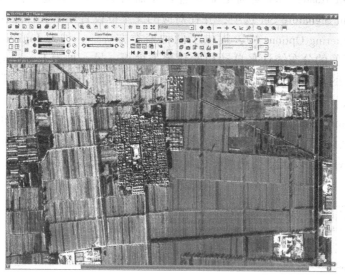

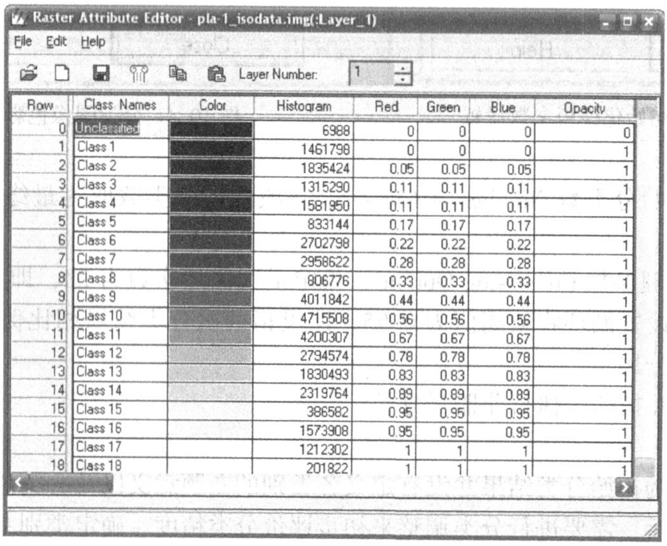

图 10.6　分类后图像的属性窗口

在属性窗口中，19 行记录对应了初始分类操作的输入的 18 类及 Unclassified 类，每一个记录都有 Class Names、Color、Histogram、Red、Green、Blue、Opacity 6 个字段。在属性窗口中，可以通过单击 Edit—Properties 或对应的工具栏图标来启动 Column Properties 对话框，如图 10.7 所示。

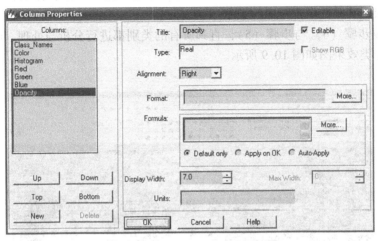

图 10.7 属性列编辑对话框

在属性列编辑对话框中，可以调整各列字段的显示顺序、宽度、显示单位等属性。

（3）由于初始分类图像是灰度图像，各类别的显示灰度为系统自动赋予，为了提高分类图像的直观表达效果，需要重新定义各类别颜色。在 Raster Attribute Editor 对话框中，依次单击各类别的 Row 字段，然后右击该类别的 Color 字段，在弹出的 As Is 色彩表中选择一种合适的颜色。

（4）由于分类图像覆盖在原图上面，为了对各类别的专题含义进行分析，需要把所要分析的类别的不透明度设为 1 而把其他类别的不透明程度设为 0。首先单击 Opacity 字段名，然后在弹出的 Column 菜单中选择 Formula，如图 10.8 所示。

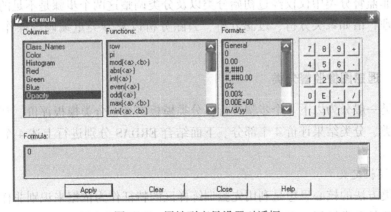

图 10.8 属性列变量设置对话框

在 Formula 对话框中，在 Formula 文本框中输入 0，则所有行的 Opacity 字段全部设置为 0，即所有类别均为透明。然后在 Raster Attribute Editor 中，单击所需分析类别的 Row 字段，单击该类别的 Opacity 字段并修改变量值为 1。此时，在 Viewer 窗口中只有需要分析类别的颜色显示在原图像上，其他类别都是透明的。

（5）根据先验知识或实地考察判别该类别的专题属性如水体、林地、农田、湿地等属性，然后根据其属性设置对应的颜色。

（6）重复步骤（4）与步骤（5），直到所有的类别都进行分析与处理。经过分类调整后的非监督分类效果图如图 10.9 所示。

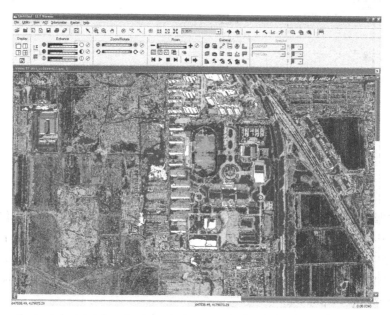

图 10.9 山西某区域的非监督分类结果

如果经过上述步骤后，非监督分类的效果比较理想，则分类过程就可以结束。但一般情况下，在非监督分类中仅仅经过初始分类以及分类调整这两个步骤是不足的，还需要进行分类后处理，诸如聚类分析、过滤分析、去除分析以及分类重编码等操作（详见本章10.5.3 节）。

10.5.2 遥感图像监督分类

监督分类一般分为以下 4 个步骤进行：分类模板定义、分类模板评价、利用分类模板进行监督分类、分类结果评价 4 个部分。下面结合 ERDAS 分别进行上述 4 个步骤的操作介绍。

1. 分类模板定义

监督分类方法的核心思想是利用先验训练样区的特征作为依据来识别非样本数据的类别，因而先验的分类模板的定义就成为监督分类方法的首要步骤。在 ERDAS 中，分类模板的定义、管理、编辑以及评价等功能都有分类模板编辑器来提供。分类模板定义一般操作过程如下：

（1）首先在 Viewer 中打开所需要分类的遥感图像，以便后续的 AOI 区域选取等操作。

（2）依次单击 ERDAS 图标面板菜单 Main—Image Classification 或者是在图标面板工具栏单击 Classifier，在弹出的 Classification 对话框中单击 Signature Editor，弹出如图 10.10 所示的分类模板编辑器窗口。

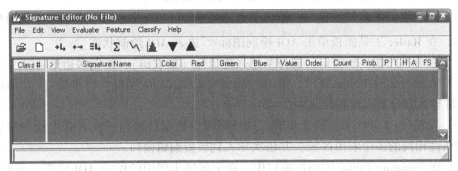

图 10.10　分类模板编辑器窗口

分类模板提供了丰富的分类模板的建立、删除、合并、模板评价等功能。分类模板编辑器中分类模板属性表各字段意义如表 10.2 所示。

表 10.2　　　　　　　　　　**分类模板属性表各字段意义**

分类模板属性表字段	字段意义
Class#	分类编号
Signature Name	分类名称
Color	分类颜色
Red	分类颜色中的红色分量值
Green	分类颜色中的绿色分量值
Blue	分类颜色中的蓝色分量值
Value	分类代码
Order	分类过程中的判断顺序
Count	分类样区中的像元个数
Prob.	分类可能性权重
P	标识分类是否依据一定的参数
I	标识方差矩阵是否可以转置
H	标识分类是否存在统计直方图
A	标识分类是否与窗口中的 AOI 对应
FS	标识分类是否来自于特征空间图像

由于在 Signature Editor 窗口中的分类属性表中有很多字段，不同字段对于建立分类的

模板的意义或作用不同，为了突出某些字段，需要利用分类模板编辑器中提供的 View—Columns 命令来调整分类属性字段。

（3）通过绘制或产生 AOI 区域来定义分类模板。ERDAS 中提供了 4 种不同的方法来收集分类模板信息。下面分别介绍这 4 种方法的操作流程。

① 利用 AOI 绘图工具在原始图像获取分类模板信息。

（a）在分类图像的显示窗口，依次单击菜单 Raster—Tools，打开 Raster 工具面板。

（b）在 Raster 工具面板单击 AOI 绘制图标 进入 AOI 绘制状态。

（c）在分类图像显示窗口，选择某感兴趣目标（如农田），绘制多边形 AOI。

（d）在 Signature Editor 窗口，单击 Create New Signature 图标，将步骤（c）中绘制的 AOI 区域导入到分类模板属性表中。

（e）重复（c）和（d）两个步骤，选择图像中根据目视判断或者是先验考察信息可判断的属性相同的多个农田区域，并依次导入到模板编辑窗口。

（f）在 Signature Editor 的属性窗口中，选定前述步骤中的所有 AOI 模板，单击 Merge Signatures 图标，生成综合了所选模板信息的新的模板，并删除合并前的多个模板。

（g）设定（f）中生成的合并模板的类名称以及类颜色属性。

（h）重复上述步骤，直到将所有感兴趣目标模板均提取出来，比如建筑 AOI、水体 AOI、林地 AOI 等。最后保存分类模板。

② 利用 AOI 扩展工具在原始图像获取分类模板信息。

利用 AOI 扩展工具在原始图像获取分类模板信息相对于 A 方法来说，不同的只是该方法中的 AOI 区域并不是用户手工勾绘出来，而是通过一种附加了距离约束的种子点区域生长方法来生成最后的 AOI 区域，自动化程度更高，所提取的模板也更为精确。其操作流程如下：

（a）首先设置种子点区域生长的各项参数。在分类图像显示窗口中依次单击菜单 AOI—Seed Properties，弹出如图 10.11 所示的 Region Growing Properties 对话框。

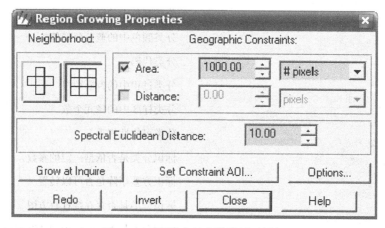

图 10.11　区域生长参数设置对话框

在区域生长设置对话框中，提供了相邻像元生长方式（四邻域或八邻域）、区域生长约束（面积以及距离约束、光谱欧式距离约束）以及生长方法等参数设置。

(b) 在区域生长参数设置完毕后，同样的，在 Raster 工具面板中单击 图标进入扩展 AOI 生成状态。

(c) 在感兴趣目标区域单击鼠标，系统则会根据所设置的生长参数进行区域生长，最后生成 AOI 区域。如果生成的 AOI 不满足要求，可以再次回到 Region Growing Properties 进行参数修改，直到生成较为满意的 AOI 区域。

(d) 在生成 AOI 区域后，后续的处理步骤与方法①类似。

③ 利用查询光标扩展方法在原始图像中获取分类模板信息。

利用查询光标的扩展方法实际上与方法②类似，唯一的区别是方法②是利用用户在图像上某区域单击来确定种子像元，而本方法则是利用 GLT Viewer 提供的查询光标功能来选定种子像元。

(a) 在分类图像的显示窗口中依次单击 Utility—Inquire Cursor 或单击工具条中的 ✚ 图标，打开如图 10.12 所示的 Viewer 对话框。同时图像窗口出现相应的十字查询光标。

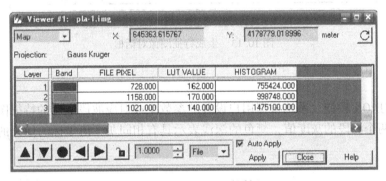

图 10.12 Viewer 对话框

(b) 在图像显示窗口中，将十字查询光标移动到种子像元上，Viewer 对话框中会显示相应的像元的坐标值以及各波段像素值等信息。

(c) 单击 Region Growing Porperties 中的 Grow at Inquire 按钮。系统会自动根据查询光标位置所对应的像元作为种子像元进行区域生长形成最后的 AOI 区域。

(d) 在生成 AOI 区域后，后续的处理步骤与前述方法类似。

④ 在特征空间图像中应用 AOI 工具产生分类模板。

特征空间图像是依据需要分类的原始图像中任意两个波段值作为横、纵坐标轴形成的图像。在特征空间图像上应用 AOI 工具产生的分类模板属于非参数型模板。在特征空间图像中应用 AOI 工具产生分类模板的基本操作是：生成特征图像、关联特征图像与原始图像、确定图像类型在特征空间的位置、在特征空间绘制 AOI 区域、添加分类模板等操作。具体过程介绍如下：

(a) 在 Signature Editor 窗口菜单条中依次单击 Feature—Create—Feature Space Layers，打开如图 10.13 所示的 Create Feature Images 窗口。

Create Feature Images 需要设定输入图像文件名以及输出的特征图像文件名称。在 Feature Space Layers 中根据分类需要来选择多波段中的两个波段（如在 TM 多波段影像中，若针对水体分类，则可选第 5 波段与第 2 波段组合，因为这两波段组合反映水体比较

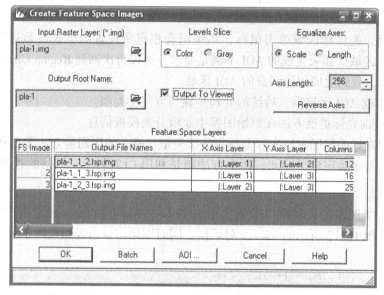

图 10.13　生成特征图像对话框

明显)。

(b) 单击 OK 按钮,系统根据用户设置的参数生成对应波段组合的特征图像,横纵轴表示像元在两个波段的灰度值,颜色的深浅表示具有相同灰度值坐标的像元的个数,如图10.14 所示。

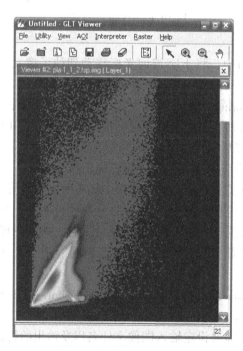

图 10.14　特征空间图像

（c）产生了特征空间后，需要将特征空间图像窗口与原图像窗口联系起来。在 Signature Editor 窗口菜单中依次单击 Feature—View—Linked Cursors 命令，打开如图 10.15 所示的 Linked Cursor 对话框。

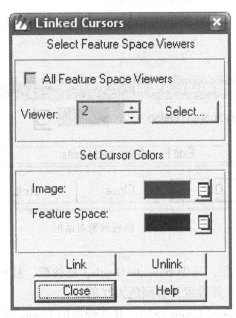

图 10.15　Linked Cursor 对话框

在 Linked Cursor 对话框中，可以选择将原图像与所打开的特征图像窗口关联起来。并提供了设置在原图像上以及特征空间图像上的十字光标的颜色参数等功能。按下 Select 按钮选定特征空间图像窗口，然后单击 Link 按钮便将两个窗口关联起来。此时，两个图像中出现了查询光标，当在原图像中拖动十字光标移动，特征空间窗口的十字光标也会在对应的特征区域移动，从而可以确定分类目标在特征空间图像中的范围。

（d）在原图像的感兴趣区域（如水体区域）拖动十字光标，确定在特征空间水体的对应区域，然后利用 AOI 绘制工具在特征图像区域绘制 AOI 区域。

（e）后续的 AOI 模板操作与前述方法类似。但须注意的是，在该方法中，对于不同的分类模板，可以根据地物的光谱特征在不同的波段组合生成的不同的特征空间图像来获取。

（f）在 Link Cursor 对话框中，单击 Unlink 按钮解除关联关系。

（4）通过上述的 4 种方法产生了分类模板后，下一步的工作就是将分类模板保存以便后续的监督分类。在 Signature Editor 窗口依次单击 File—Save 命令，在弹出的模板保存对话框中输入对应的路径以及模板名称，单击 OK 按钮进行保存即可。

2. 分类模板评价

在通过前述的各种方法建立分类模板后，下一步的操作就是对分类模板进行评价、删除、更名、合并等操作。ERDAS 中提供的分类模板评价工具包括：分类预警评价、可能性矩阵评价、分类图像掩模评价、模板对象图示评价、直方图评价、分离性分析评价以及分类统计分析评价。下面分别介绍 7 种评价方法的一般流程。

(1) 分类预警评价。

分类预警评价是根据平行六面体规则进行判断，并依据那些属于或可能属于某一类别的像元生成一个预警掩模，然后叠加在图像窗口显示，以示预警。一次预警评价可以针对一个或多个类别进行。分类预警的操作过程如下：

① 在 Signature Editor 窗口，依次单击 View—Image Alarm 命令，启动如图 10.16 所示的模板预警对话框。

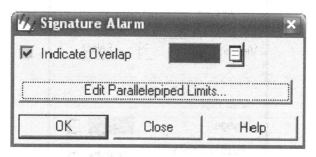

图 10.16 模板预警对话框

② 在模板预警对话框中，选中 Indicate Overlap 复选框，使同时属于两个及两个以上分类的像元叠加预警显示。并设置预警颜色为红色。

③ 单击 Edit Parellelepiped Limits 按钮，并在弹出的 Limits 对话框（见图 10.17）中按下 Set 按钮启动的 Set Parellelepiped Limits 对话框（见图 10.18）中设置对应的计算方法以及用来计算预警掩模的模板类别。

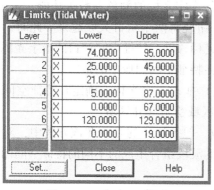
图 10.17 Limits 对话框

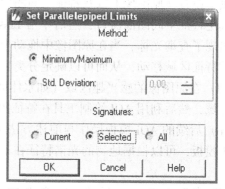
图 10.18 Set Parellelepiped Limits 对话框

④ 返回 Signature Alarm 对话框，单击 OK 按钮，执行分类预警评价，形成各模板的预警掩模，各类别的重叠区域为红色显示。

⑤ 利用图像的叠加显示功能，如 Blend, Swipe 以及 Flicker 功能来查看分类预警掩模与图像之间的关系。如果各类别存在的重叠区域较为严重，则表明分类模板精度太低，需要进一步编辑分类模板。

⑥ 在分类图像的显示窗口，依次单击 View—Arrange Layers 命令，在打开的 Arrange Layers 中选中掩模图层然后删除掩模图层。

（2）可能性矩阵评价。

可能性矩阵评价工具是根据分类模板分析 AOI 训练样区的像元是否完全落在相应的类别之中。通常都期望 AOI 区域的像元能够分到它们参与训练的类别当中，而实际上 AOI 中的像元对各类都有一个权重值，AOI 训练样区只是对类别模板起一个加权的作用。可能性矩阵的输出结果是一个百分比矩阵，用来说明每个 AOI 训练样区有多少个像元分别属于相应的类别。可能性矩阵评价工具操作过程如下：

① 在 Signature Editor 分类属性表中选中所有的类别，然后依次单击 Evaluation—Contingency 命令，弹出如图 10.19 所示的 Contingency Matrix 对话框。

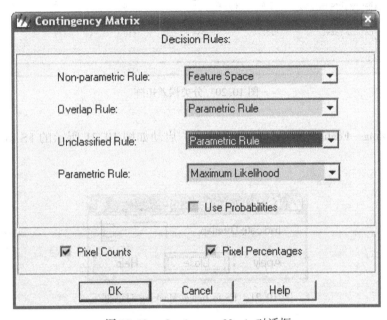

图 10.19　Contingency Matrix 对话框

② 在 Contingency Matrix 中，设定相应的分类决策参数。一般设置 Non-paremetric Rule 参数为 Feature Space，设置 Overlap Rule 参数以及 Unclassified Rule 参数为 Parametric Rule，设置 Parametric Rule 为所提供的 3 种分类方法中的一种均可。

③ 单击 OK 按钮。进行分类误差矩阵计算，并弹出文本编辑器，显示分类误差矩阵。如图 10.20 所示。

在分类误差矩阵中，表明了各 AOI 训练样区内的像元被误分到其他类别的像元数目。可能性矩阵评价工具能够较好的评定分类模板的精度，如果误分的比例较高，则说明分类模板进度低，需要重新建立分类模板。

（3）分类图像掩模评价。

分类图像掩模评价只是针对于特征空间模板评价的工具。在方法中，特征空间模板被定义为一个掩模，对应于该掩模中原始分类图像中的像元会被标记并在图像窗口高亮显示出来。因此，分类图像掩模评价能够直观地显示被分在某个特征空间模板所定义的类型中的像元，进而提供对特征空间模板进行评价的依据。其操作流程如下：

① 在 Signature Editor 分类属性表中选中要分析的特征空间模板，并依次单击菜单

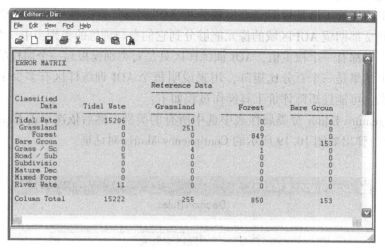

图 10.20 分类误差矩阵

Feature—Masking—Feature Space to Image 命令,启动如图 10.21 所示的 FS to Image Masking 对话框。

图 10.21 FS to Image Masking 对话框

② 单击 Apply 按钮,则系统在图像窗口中生成被选择的分类图像掩模。同样的,可以通过图像叠加显示功能评价特征空间分类模板。

(4) 模板对象图示评价。

模板对象图示评价工具可以显示各个类别模板的统计图,并根据各类别的平均值以及其标准差以椭圆的形式显示在特征空间图像中,以便为模板评价提供依据。其操作流程如下:

① 在 Signature Editor 分类属性表中选中要评价的分类模板,并依次单击菜单 Feature—Objects 命令,打开如图 10.22 所示的 Signature Objects 对话框。

② 在 Signature Objects 中设定特征图像窗口,以及绘制椭圆、矩形、类标签等参数。单击 OK 按钮。系统执行模板对象图示工具,并绘制分类椭圆,如图 10.23 所示。

在执行模板图示工具之后,在特征空间窗口显示特征空间及其所选的模板类别的统计椭圆,椭圆的重叠程度反映了类别的相似性。如果两个椭圆不重叠,则代表为相互独立的类别,为比较理想的分类模板。如果重叠度过大,说明分类模板的精度低,需要重新定义。

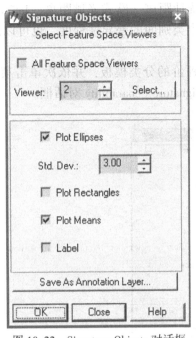 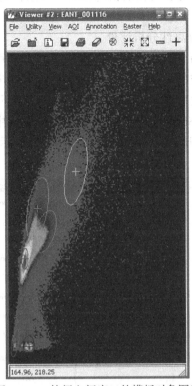

图 10.22　Signature Objects 对话框　　图 10.23　特征空间窗口的模板对象图示

(5) 直方图评价。

直方图是通过分类模板的直方图对模板进行评价和比较。其操作流程如下：

① 在 Signature Editor 分类属性表中选中要评价的分类模板，并依次单击菜单 View—Histograms 命令，打开如图 10.24 所示的 Histograms Plot Control Panel 对话框。

图 10.24　Histograms Plot Control Panel 对话框

② 在 Histograms Plot Control Panel 对话框中，设置分类模板数量、波段序号、波段数量等参数。单击 Plot 按钮，显示绘制的分类直方图。

通过各分类模板的直方图来评价分类模板精度，直方图越接近于正态分布，方差越小,则说明分类模板的精度越高,否则,则表明分类模板精度较低,需要重新定义分类模板。

(6) 分离性分析评价。

类别的分离性工具用于计算任意类别间的统计距离(欧式光谱距离、Jeffries-Matusta 距离、分类的分离度和转换分离度)来确定两个类别间的差异性程度,也可以用于确定在分类中效果最好的波段。其操作流程如下:

① 在 Signature Editor 分类属性表中选中要评价的分类模板,并依次单击菜单 Evaluate—Separability 命令,打开如图 10.25 所示的 Signature Separability 对话框。

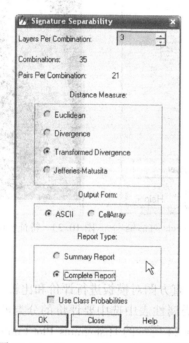

图 10.25 Signature Separability 对话框

② 在 Signature Separability 对话框中设置组合数据层的个数 n,表示将基于原始分类图像中所有波段中的 n 个波段来计算类别间的距离,从而确定所选择类别在所选 n 波段的分离性大小。一般设为 3。

③ 设定距离测度参数以及统计结果报告输出方式。单击 OK 按钮。分离性分析评价工具计算所选类别中任意两类在不同波段间的统计距离,其值越大说明两个类别模板在该波段组合的差异性越大,分类模板的精度也就越高。

(7) 分类统计分析评价。

分类统计分析评价工具是对各模板类别进行 Minimum、Maximum、Mean、Convariance 等基本统计参数进行统计,并以此提供模板评价的依据。其操作流程如下:在 Signature Editor 分类属性表中激活要统计的类别,并依次单击菜单 View—Statistics 命令,打开如图 10.26 所示的 Statistics 对话框。

3. 利用分类模板进行监督分类

在 ERDAS 的监督分类过程中,用于分类决策的规则是多类型、多层次的,如对非参

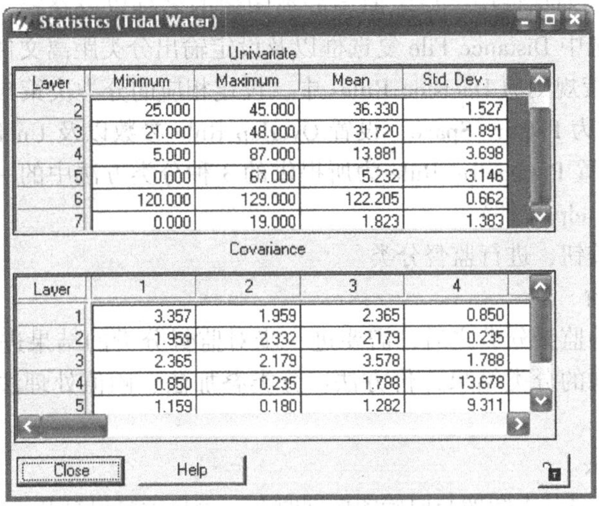

图 10.26 Statistics 对话框

数分类模板有特征空间、平行六面体等方法，对参数分类模板有最大似然法、Mahalanobis 距离法、最小距离法等方法。非参数分类规则只能应用于非参数型模板，而对于参数型模板，要使用参数型规则。另外，如果在分类过程中使用了非参数型模板，还需要进一步确定叠加规则以及未分类规则。监督分类的操作流程如下：

（1）在 ERDAS 图标面板菜单中依次单击 Main—Image Classification—Supervised Classification 或在工具条中依次单击 Classifier—Supervised Classification，启动如图 10.27 所示的监督分类对话框。

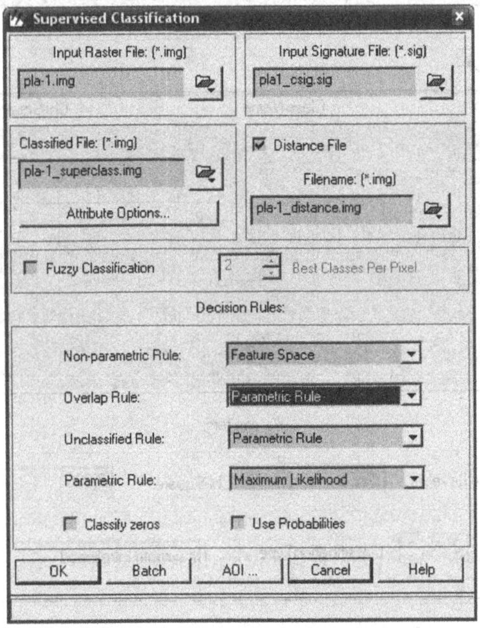

图 10.27 监督分类对话框

(2) 在监督分类对话框中，设定原始分类图像的名称以及路径、设定输出分类图像的名称以及路径、选中 Distance File 复选框以及设定输出分类距离文件名称。

(3) 在分类决策规则项 Decision Rules 中，设定相应的分类决策参数。一般设置 Non-paremetric Rule 参数为 Feature Space，设置 Overlap Rule 参数以及 Unclassified Rule 参数为 Parametric Rule，设置 Parametric Rule 为所提供的 3 种分类方法中的一种均可（各参数的意义可参见相应的 Help 文件）。

(4) 单击 OK 按钮，进行监督分类。

4. 分类结果评价

在完成了图像的监督分类之后，需要进一步对监督分类的结果进行评价。在 ERDAS 中，提供了 3 种不同的分类结果评价方法：分类叠加法、阈值处理法以及分类精度评估法。下面分别介绍。

(1) 分类叠加法。

分类叠加法就是将分类图像与原始图像同时在一个显示窗口打开，并通过改变分类专题层的透明度以及颜色等属性，并通过 Blend、Flicker 以及 Swipe 方法来查看分类结果与原始图像之间的对应关系，并以此来评价分类结果的准确性（具体操作见本书 5.5.1 节）。

(2) 阈值处理法。

阈值处理法首先确定哪些像元最有可能没有被正确分类，从而对监督分类的初步结果进行优化。用户可以对每个类别设置一个距离阈值，系统将可能不属于该类别的像元筛选出去，筛选出去的像元在分类图像中将被赋予另一个分类值。其操作流程如下：

① 在 ERDAS 图标面板菜单中依次单击 Main—Image Classification—Threshold 命令或在工具条中依次单击 Classifier—Threshold，启动如图 10.28 所示的阈值处理窗口。

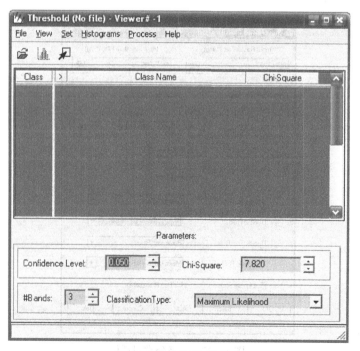

图 10.28　阈值处理窗口

② 在 Threshold 窗口中，依次单击 File—Open 命令，在弹出的 Open Files 对话框中设定分类专题图像以及分类距离图像的名称及路径，然后关闭 Open Files 对话框。

③ 在 Threshold 窗口中，依次单击 View—Select Viewer 命令，关联显示分类专题图像的窗口。然后单击 Histogram—Compute 命令计算各类别的距离直方图。

④ 在 Threshold 窗口的分类属性表格中，选定某个专题类别（如水体类别），然后在菜单条单击 Histograms—View 命令，显示该类别（本例为草地类）的距离直方图。如图 10.29 所示。

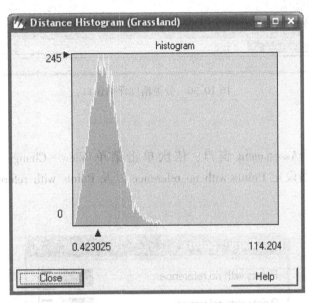

图 10.29 Distance Histogram 对话框

⑤ 拖动每个类别对应的 Distance Histogram 中的 X 轴到要设置的阈值的位置，此时，Threshold 中的 Chi-square 值自动发生变化。然后依次重复④和⑤，设定每个类别的阈值。

⑥ 在 Threshold 窗口菜单中单击 Process—To Viewer 命令，此时阈值图像将显示在所关联的分类图像上，形成一个阈值掩模层。同样的，可以使用叠加显示功能来直观地查看阈值处理前后的分类变化。

⑦ 在 Threshold 窗口菜单中单击 Process—To File 命令，保存阈值处理图像。

（3）分类精度评估法。

分类精度评估法是将专题分类图像中的特定像元与已知分类的参考像元进行比较，一般选择与地面真值、先验地图、高分辨率航片等数据对比。其操作过程如下：

① 首先在 Viewer 窗口打开分类原始图像，然后在 ERDAS 图标面板菜单中依次单击 Main—Image Classification—Accuracy Assessment 或在工具条中依次单击 Classifier—Accuracy Assessment，启动如图 10.30 所示的精度评估窗口。

② 在 Accuracy Assessment 窗口，依次单击菜单 File—Open，在打开的 Classified Image 对话框中打开所需评定分类精度的分类图像，单击 OK 按钮返回 Accuracy Assessment 按钮。

③ 在 Accuracy Assessment 窗口，依次单击菜单 View—Select Viewer，关联原始图像窗

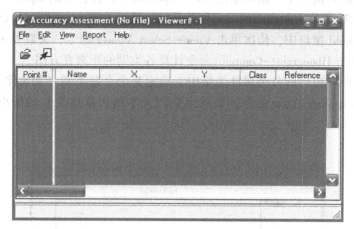

图 10.30 分类精度评估窗口

口和精度评估窗口。

④ 在 Accuracy Assessment 窗口，依次单击菜单 View—Change Colors，在打开的 Change Colors 中分别设定 Points with no reference 以及 Points with reference 的颜色。如图 10.31 所示。

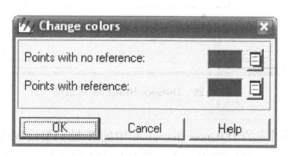

图 10.31 Change Colors 对话框

⑤ 在 Accuracy Assessment 窗口，依次单击菜单 Edit—Create/Add Random Points 命令，弹出如图 10.32 所示的 Add Random Points 对话框。

在 Add Random Points 对话框中，分别设定 Search Count 项以及 Number of Points 项参数，在 Distribution Paremeters 设定随机点的产生方法为 Random（各参数项意义见相应 Help）。然后单击 OK 按钮，返回精度评定窗口。

⑥ 在精度评定窗口，单击菜单 View—Show All 命令，在原始图像窗口显示 5）中产生的随机点。单击 Edit—Show Class Values 命令在评定窗口的精度评估数据表中显示各点的类别号。

⑦ 在精度评定窗口中的精度评定数据表中输入各个随机点的实际类别值。

⑧ 在精度评定窗口中，单击菜单 Report—Options 命令，设定分类评价报告输出内容选项。单击 Report—Accuracy Report 命令生成分类精度报告，然后单击 Report—Cell Report 命令生成随机点相关设置以及随机点搜索区域的窗口，最后单击 File—Save Table 命令保

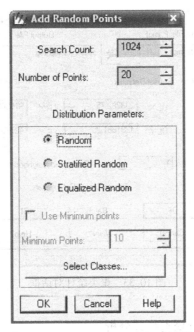

图 10.32　Add Random Points 对话框

存分类精度评价数据表。

通过对分类的评价，如果在分类精度评价报告中分类精度比较满意，则保存最后分类结果，否则需要进一步做有关处理，如修改分类模板或做分类后处理等操作。

10.5.3　分类后处理

无论是监督分类还是非监督分类，都是按照图像光谱特征进行聚类分析的，因此都具有一定的盲目性。因而，在进行监督或非监督处理之后，对获得的分类结果还需要进一步做一些相关的工作才能最终得到较为理想的结果，这些处理过程统称为分类后处理。在 ERDAS 中，所提供的常用的分类后续处理方法主要有聚类统计、过滤分析、去除分析以及分类重编码四种方法。下面将分别介绍。

1. 聚类统计

应用监督分类或非监督分类，分类结果中都会产生一些面积很小的图斑。无论从专题制图的角度还是从实际应用的角度，都有必要对这些小图斑进行剔除。聚类统计方法就是通过对分类专题图像计算每个分类图斑的面积、记录相邻区域中最大图斑面积的分类值等操作，产生一个 Clump 类组输出图像，用于后续的过滤分析以及去除分析操作。聚类统计操作流程如下：

（1）在 ERDAS 图标面板菜单中依次单击 Main—Image Interpreter—GIS Analysis—Clump 命令或在工具条中依次单击 Interpreter—GIS Analysis—Clump，启动如图 10.33 所示的聚类统计对话框。

（2）在 Clump 对话框中，在 Input File 项设定分类后专题图像名称及路径，在 Output File 项设定聚类后的输出图像名称及路径。并根据实际需求分别设定其他各项参数。

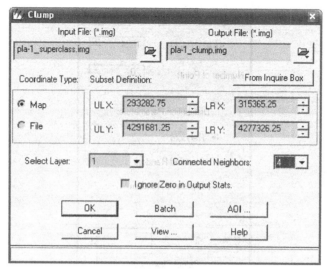

图 10.33　聚类统计对话框

（3）单击 OK 按钮，执行聚类统计分析。

2. 过滤分析

过滤分析功能是对经过聚类统计处理后的 Clump 类组图像进行处理，按照定义的数值大小，删除聚类图像中较小的类组图斑，并给所有小图版赋予新的属性值为 0。过滤分析操作过程如下：

（1）在 ERDAS 图标面板菜单中依次单击 Main—Image Interpreter—GIS Analysis—Sieve 命令或在工具条中依次单击 Interpreter—GIS Analysis—Sieve，启动如图 10.34 所示的过滤分析对话框。

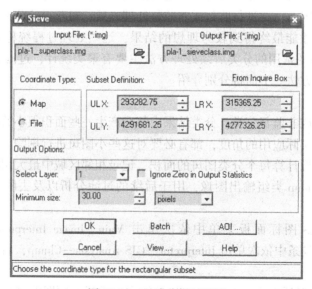

图 10.34　过滤分析对话框

（2）在 Sieve 对话框中，在 Input File 项设定分类后专题图像名称及路径，在 Output File 项设定过滤后的输出图像名称及路径。并根据实际需求分别设定其他各项参数。

（3）单击 OK 按钮，执行过滤分析。

3. 去除分析

去除分析用于删除原始分类图像中的小图斑或 Clump 聚类图像中的小 Clump 类组。与过滤分析不同的，Eliminate 将删除的小图斑合并到相邻的最大的分类当中。去除分析操作流程如下：

（1）在 ERDAS 图标面板菜单中依次单击 Main—Image Interpreter—GIS Analysis—Eliminate 命令或在工具条中依次单击 Interpreter—GIS Analysis—Eliminate，启动如图 10.35 所示的去除分析对话框。

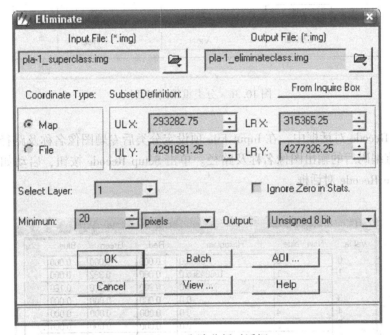

图 10.35 去除分析对话框

（2）在 Eliminate 对话框中，在 Input File 项设定分类后专题图像名称及路径，在 Output File 项设定去除分析后的输出图像名称及路径。并根据实际需求分别设定其他各项参数。

（3）单击 OK 按钮，执行去除分析。

4. 分类重编码

分类重编码主要是针对非监督分类而言的。由于在非监督过程中，完全按照像元灰度值通过 ISODATA 方法聚类获得分类结果，类别以及专题属性等还需要进一步分类后处理，即分类重编码。分类重编码首先将专题分类图像与原始图像进行重叠对照，判断每个分类的专题属性，然后对相近或类似的分类通过图像重编码进行合并，并定义分类名称和颜色。其操作过程如下：

（1）在 ERDAS 图标面板菜单中依次单击 Main—Image Interpreter—GIS Analysis—Recode 命令或在工具条中依次单击 Interpreter—GIS Analysis—Recode，启动如图 10.36 所示的分类重编码对话框。

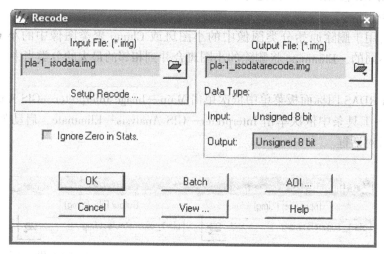

图 10.36　分类重编码对话框

（2）在 Recode 对话框中，在 Input File 项设定分类后专题图像名称及路径，在 Output File 项设定重编码后的输出图像名称及路径。单击 Setup Recode 按钮，启动如图 10.37 所示的 Thematic Recode 对话框。

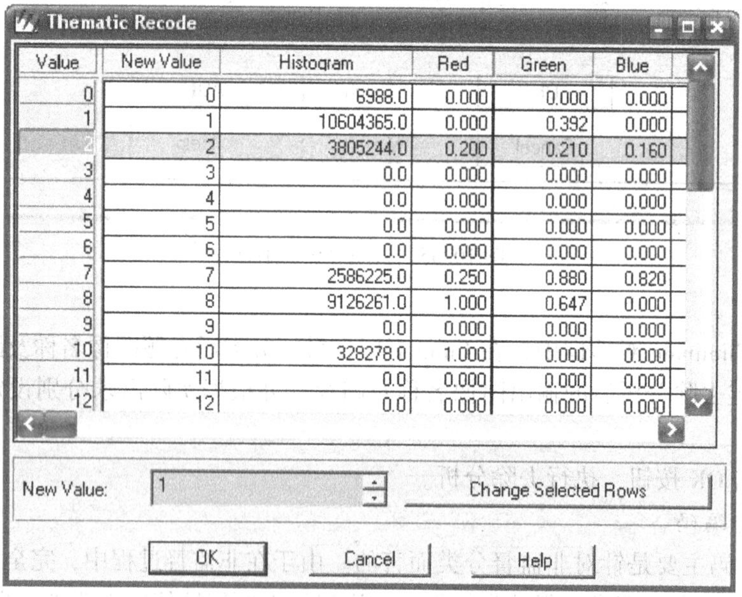

图 10.37　Thematic Recode 对话框

（3）根据分类图像以及原始图像的叠加显示，用户目视判断或实地考察信息，在 Thematic Recode 分类数据表中，将非监督分类后的各类进行适当的合并，对于将合并的类,在其 New Value 项输入相同的类别属性值即可。

(4) 关闭 Thematic Recode 对话框,在 Recode 对话框中单击 OK 按钮,执行图像重编码,产生新的专题分类图像。

10.6 习　　题

1. 试述监督分类的基本原理及常用方法。
2. 试述非监督分类的一般流程及常用的方法。
3. 在非监督分类中,训练样区的选择应该注意哪些问题?
4. 监督分类与非监督分类各有什么优缺点?
5. 为什么要进行遥感图像分类后处理?分类后处理有哪些方法和流程?
6. 如何评定遥感分类精度?

第11章 遥感专题图

11.1 实习内容及要求

1. 遥感影像地图的制作

要求掌握遥感影像地图的概念、制作方法和软件操作流程。

掌握 ERDAS 制图模块 Map Composer 的绘制地图图框、绘制格网线和坐标、绘制地图比例尺、绘制地图图例、绘制指北针、放置地图图名等各种制图功能。

实习数据：pan_3m.img（全色，3m）

2. 植被指数图的制作

要求掌握植被指数的概念、植被指数的提取原理和步骤。掌握 ERDAS 解译模块的植被指数提取操作流程，并利用 TM 影像制作植被指数图。

实习数据：germtm.img（TM，多光谱，80m）

3. 土地利用图的制作

要求掌握土地利用图的概念和土地利用类型分级，掌握利用遥感影像，通过影像判读、影像监督分类、分类后处理、图斑勾绘和专题制图等步骤进行土地利用现状图制作方法。掌握 ERDAS 分类模块和矢量化工具进行土地利用图的制作流程。

实习数据：yuhong3.img（SPOT5，多光谱，5m）

4. 三维景观图的制作

要求掌握三维景观图的概念、原理和数据构成。掌握 ERDAS VirtualGIS 模块进行三维景观图的制作流程和场景设置方法。

实习数据：dem.img（DEM，10m）；dom.img（DOM，0.5m）

11.2 遥感影像地图

遥感影像地图是指地图要素主要由遥感影像组成，包含线划要素和图廓整饰的具有地图投影和制图几何精度的地图。遥感影像地图既具有丰富的影像信息，又具有线划地形图图廓整饰和几何精度。遥感影像地图的制作包括影像的纠正、线划要素的制作和图廓整饰三部分。

对于影像纠正，首先在影像图区域内，均匀选取足够数量（根据纠正模型）的控制点，按照多项式纠正法或者共线方程法进行几何纠正。控制点的坐标可以从与制作出的影像地图比例尺相当的地形图上读取，也可以通过 GPS 等其他测量手段获得。遥感影像地图的制图比例尺一般按照 1m 分辨率的遥感影像可制作 1:1 万的地图为参考，表 11.1 中列出了各种不同影像分辨率所对应的成图比例尺。制图精度应根据纠正模型将平面误差控制在1~1.5个像元。

表 11.1　　　　　　　　　不同影像分辨率对应的制图比例尺

影像分辨率/m	19~21	3~5	2	0.8~1	0.4~0.5
制图比例尺	1:25万	1:5万	1:2.5万	1:1万	1:5000

对于线划要素的制作，影像上能清楚显示的要素均以影像表示，而不用符号表示，如河流、湖泊、山体、海岸等；影像上能清楚显示，而不能很好区分其位置和特征的，用说明注记表示；影像上重要地物在无法识别时用符号表示，如居民地、道路；影像上没有的内容用符号和注记表示，如高程注记、河流流向、山名等。

遥感影像地图的制作在 Main 菜单下的 Map Composer 对话框中实现（见图 11.1）。该模块为遥感影像地图编辑器，包括新建地图、打开已有地图、打印地图、编辑地图文件路径等一系列地图工具和地图数据库工具。制作遥感影像地图的步骤包括：新建地图、绘制地图图框、绘制格网线和坐标、绘制地图比例尺、绘制地图图例、绘制指北针、放置地图图名。

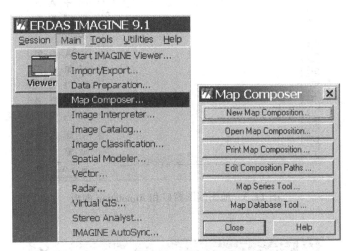

图 11.1　遥感影像地图编辑器

1. 新建地图（New Map Composition）

在新建地图对话框中，需要输入新建地图的文件名、文件所在路径和地图相关信息。地图信息包括图幅宽度、图幅高度、显示比例尺、图幅单位和背景颜色（见图 11.2）。可以根据具体的制图要求进行调整，或者使用模板文件。确定后，弹出地图制图窗口和 Annotation（注记）面板（见图 11.3）。Annotation 面板可以在地图编辑器窗口中创建文字和几何注记，绘制地图图框、格网线、图廓线、地图比例尺和图例等。

2. 绘制地图图框

首先在 Annotation 面板中选择 ▦ （Create Map Frame）按钮，将鼠标移动到地图制图窗口白色底图区域中，单击左键，弹出地图图框数据源对话框（见图 11.4），可以通过视图选取或者导入数据建立图框与影像数据的对应关系。在视图模块中打开遥感影像 pan_

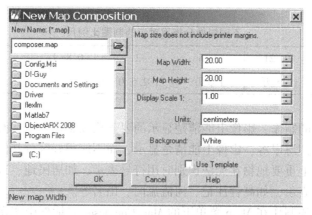

图 11.2　新建地图对话框

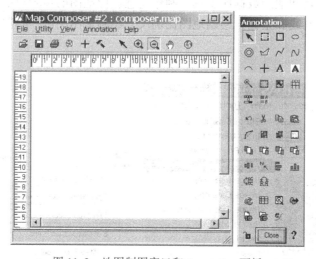

图 11.3　地图制图窗口和 Annotation 面板

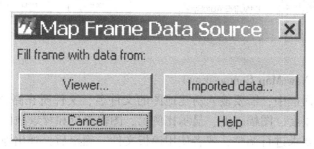

图 11.4　指定地图图框数据源

3m. img 和矢量图层 pan_ 3m. shp，用视图选取功能指定地图图框源。指定完成后弹出地图图框参数设置对话框（见图 11.5）。选择对话框中的"Use Entire Source"，即选择整个视图区域进行制图，此时保持图框范围不变，制图范围随比例尺而变化（Change Scale and Frame Area（Maintain Map Area））。原始数据是一幅 3m 的全色影像，可以制作 1∶5

万地形图,因此在 Scale 1 中输入 50000。单击确定,影像将放置于地图制图窗口中,如图 11.6 所示,然后选择 ![] (Select Map Frame) 按钮进行位置调整(见图 11.7)。

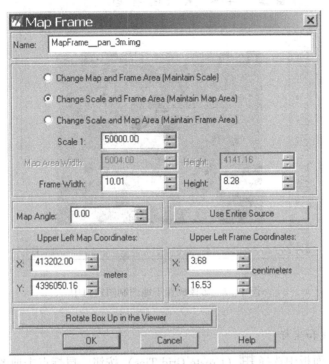

图 11.5 地图图框参数设置

图 11.6 3m 分辨率的全色影像及矢量图层

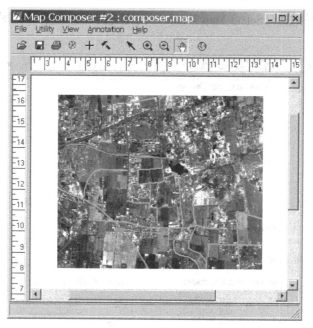

图 11.7 影像放置于地图制图窗口中

3. 绘制格网线和坐标

在 Annotation 面板中选择 ⊞（Create Grid Tics）按钮，鼠标点击地图制图窗口，弹出格网和坐标设置对话框（见图 11.8）。输入格网和坐标层名称 composer，图廓线和图框的距离设置为 0.2cm，地图制图单位为 Meters，设置横轴的图廓线的内长度为 0.1cm。然后

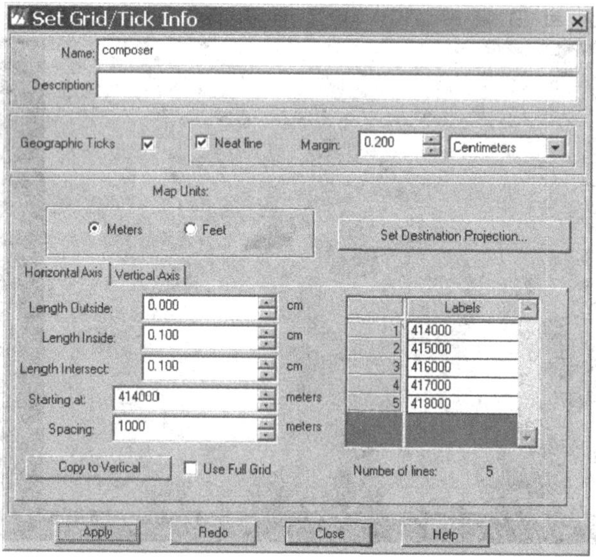

图 11.8 格网和坐标设置

点击 Copy to Vertical，表示将横轴的设置应用于纵轴。单击 Apply 后，格网和坐标层绘制于地图制图窗口中，并且覆盖在影像上（见图 11.9）。

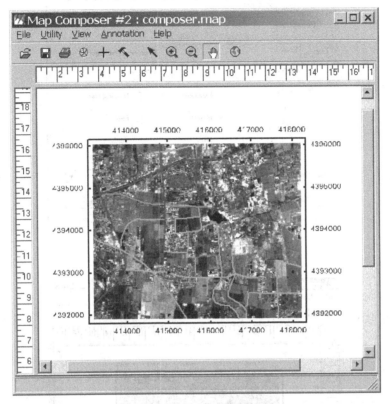

图 11.9 绘制出的格网和坐标

4. 绘制地图比例尺

在 Annotation 面板中选择 ▦（Create Scale Bar）按钮，鼠标移动到地图制图窗口中单击，弹出地图比例尺指示器（见图 11.10），再将鼠标移动到制图窗口中，光标变为 ▦ 时单击，弹出比例尺属性对话框（见图 11.11），输入比例尺图层名称 Scale Bar，比例尺标题默认为 Scale，比例单位选择 Meters，定义比例尺长度为 3cm。单击 Apply 后，比例尺图层绘制于地图制图窗口中（见图 11.12）。

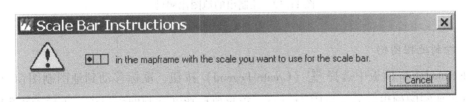

图 11.10 地图比例尺指示器

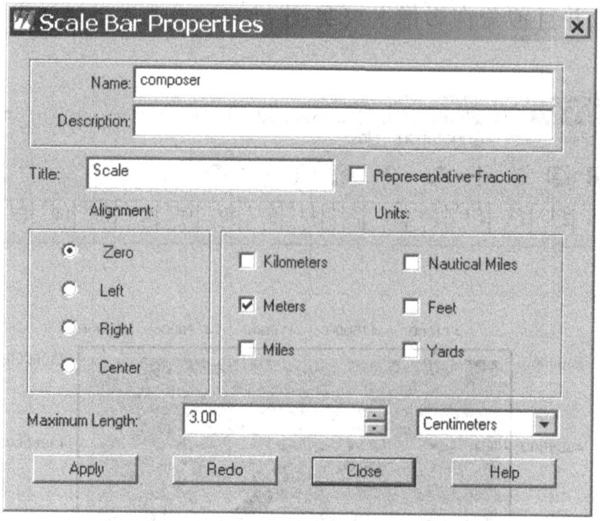

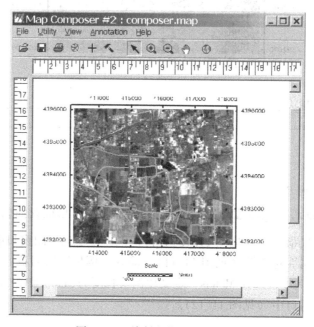

图 11.11 地图比例尺属性对话框

图 11.12 绘制出的地图比例尺

5. 绘制地图图例

在 Annotation 面板中选择 ▣（Create Legend）按钮，鼠标移动到地图制图窗口中单击，弹出地图图例指示器（见图 11.13），再将鼠标移动到制图窗口中，光标变为 ▣ 时单击，弹出图例属性对话框（见图 11.14）。编辑 Legend Layout，输入矢量图层中的各种线划要素的属性类别，并选中每种类别中一条记录。单击 Apply，图例图层绘制于地图制图窗口中（见图 11.15）。

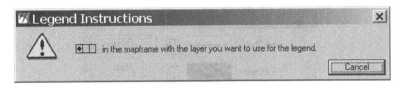

图 11.13　地图图例指示器

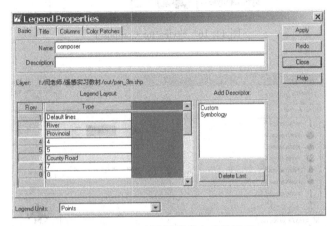

图 11.14　地图图例基本参数设置

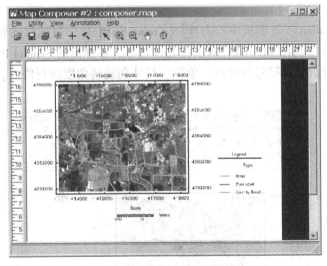

图 11.15　绘制出的地图图例

6. 绘制指北针

在 Map Composer 视图的 Annotation 菜单下，单击 Style 菜单，打开 Styles for Composer 对话框（见图 11.16），选择 Symbol Style 中的 Other，打开 Symbol Chooser 对话框（见图 11.17）。在 Standard 选项板中选择下拉菜单中的 North Arrows，选择 North Arrow2，指定指北针的颜色（黑色），大小（30）和符号单位（Paper pts），单击应用完成指北针的符号样式设置。

图 11.16　Styles for Composer

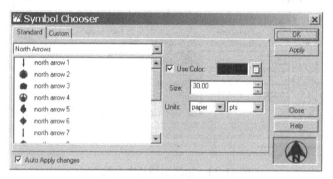

图 11.17　Symbol Chooser

然后在 Annotation 工具面板中点击 ✚（Create Symbol），鼠标移动到地图制图窗口中单击，放置指北针（见图 11.18）。双击指北针符号，在弹出的 Symbol Properties 对话框中（见图 11.19），对指北针符号的坐标、单位、尺寸和旋转角度进行修改。

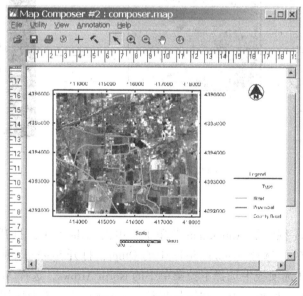

图 11.18　放置指北针

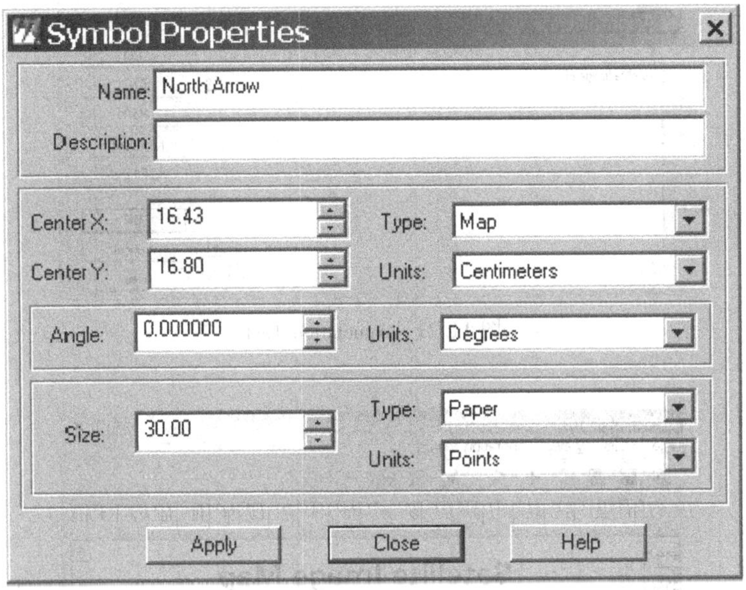

图 11.19　符号参数设置

7. 放置地图图名

首先确定图名字体。在 Map Composer 视图的 Annotation 菜单下，单击 Style 菜单，打开 Styles for Composer 对话框（见图 11.16），选择 Text Style 中的 Other，打开 Text Style Chooser 对话框（见图 11.20）。在 Standard 选项板中选择 Black Galaxy Bold 字体。也可以根据需要选择 Custom 选项板进行字体设计，包括字符大小、倾斜度、下画线、阴影和颜色等。

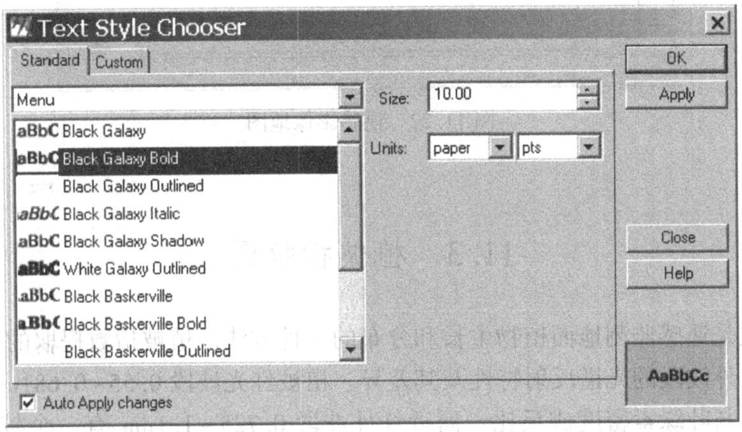

图 11.20　Text Style Chooser

然后在 Annotation 工具面板中点击 **A**（CreateText），鼠标移动到地图制图窗口中单击。在弹出的 Annotation Text 对话框中输入地图图名字符串"Satellite Image Map"（见图 11.21），完成地图图名的放置（见图 11.22）。

177

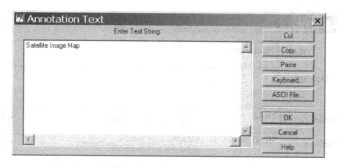

图 11.21 Annotation Text

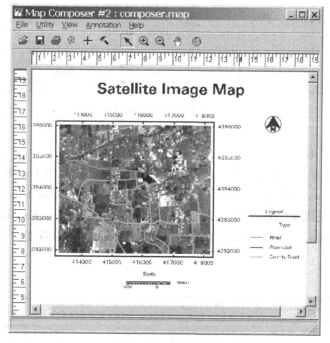

图 11.22 遥感影像地图

11.3 植被指数图

植被指数是遥感监测地面植物生长和分布的一种方法。植被指数提取的根据是植被在红波段和近红外波段的光谱反射特性及其差异。植被红光波段 0.55~0.68lum 有一个强烈的吸收带，它与叶绿素密度成反比；而近红外波段 0.725~1.1um 有一个较高的反射峰，它与叶绿素密度成正比。两个波段的比值和归一组合与植被的叶绿素含量、叶面积及生物量密切相关。通过对红波段和近红外波段反射率的线性或非线性组合，可以消除地物光谱产生的影响，得到的特征指数称为植被指数。包括差值植被指数 DVI，比值植被指数 RVI 和归一化差分植被指数 NDVI。NDVI（Normalized Difference Vegetation Index）归一化植被指数，又称标准化植被指数，在使用遥感图像进行植被研究以及植物物候研究中得到广泛应用,它是植物生长状态以及植被空间分布密度的最佳指示因子,与植被分布密度呈线性相关。NDVI 的定义为:NDVI=(NIR-R)/(NIR+R),其中 NIR 代表近红外波段,R 代表红波段。

目前常见的 Landsat TM 遥感影像中,TM3(波长 0.63~0.69um)为红外波段,为叶绿素主要吸收波段;TM4(波长 0.76~0.90um)为近红外波段,对绿色植被的差异敏感,为植被通用波段。MODIS 遥感影像中,其第一波段(0.62~0.67um)、第二波段(0.841~0.876um)分别是红色和近红外波段,可以用第一和第二波段计算植被指数。

植被指数图的制作流程一般为:计算并生成植被指数影像文件;对植被指数影像文件进行非监督分类;分类重编码;制作植被指数专题图。

1. 计算并生成植被指数影像

在 InterPreter 模块中,选择 Spectral Enhancment 中的 Indices 菜单。在弹出对话框(见图 11.23)Input File 中输入一幅 TM 影像,在 Output File 中输入生成的指数影像文件 ndvi.img。选择传感器类型为 Landsat TM,计算方法为 NDVI,可以看到计算方法的具体表达式为 band4-band3/band4+band3。选择数据输出类型,必须选择为 Float 型。单击 OK 后自动计算并生成植被指数影像(见图 11.24)。

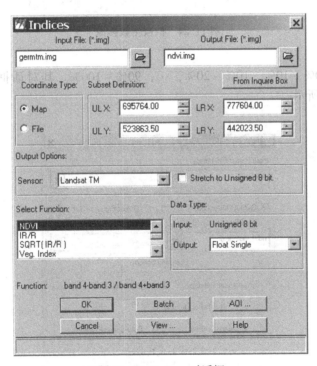

图 11.23 Indices 对话框

2. 对植被指数影像进行非监督分类

按照遥感影像非监督分类的步骤对 ndvi.img 进行非监督分类。确定输出文件为 ndvi_class.img,确定初始聚类方法为 Initialize from Statistics(按照图像统计值产生自由聚类),确定初始分类数为 10,定义最大循环次数为 24,设置循环收敛阈值为 0.95,单击 OK 执行非监督分类。聚类过程严格按照像元的光谱特征进行统计分类,因而所分的 10 类表示

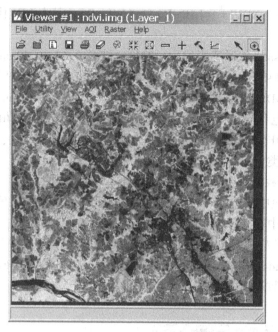

图 11.24 植被指数影像

的植被覆盖率为 0%~10%，10%~20%，…，90%~100%。其对话框和结果分别如图 11.25 和图 11.26 所示。

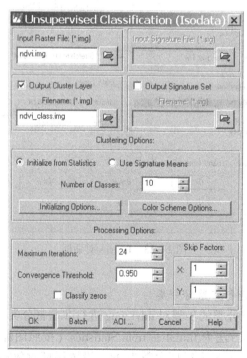

图 11.25 植被指数影像非监督分类对话框

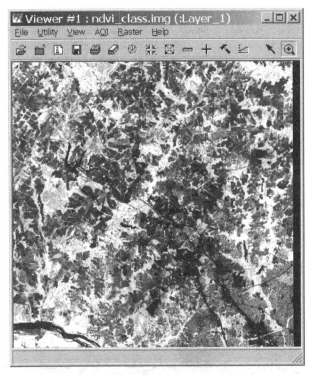

图 11.26　植被指数影像非监督分类结果

3. 分类重编码

在 InterPreter 模块中，选择 GIS Analisys 中的 Recode 菜单，弹出分类重编码对话框（见图 11.27），输入文件为 ndvi_class.img，输出文件为 ndvi_class_recode.img。单击 Setup Recode，把以上分类结果进行两两合并，改变 New Value 字段下的类型值，分成 5 类，代表 0%~20%、20%~40%、40%~60%、60%~80%、80%~100% 的植被覆盖度类型（见图 11.28），然后在 Reaster 菜单中的 Attribute 中将这 5 类赋予不同颜色（见图 11.29）。最后生成植被指数图（见图 11.30）。

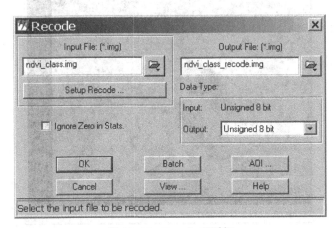

图 11.27　Recode 对话框

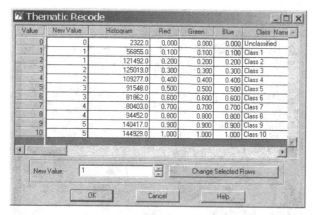

图 11.28 分类重编码

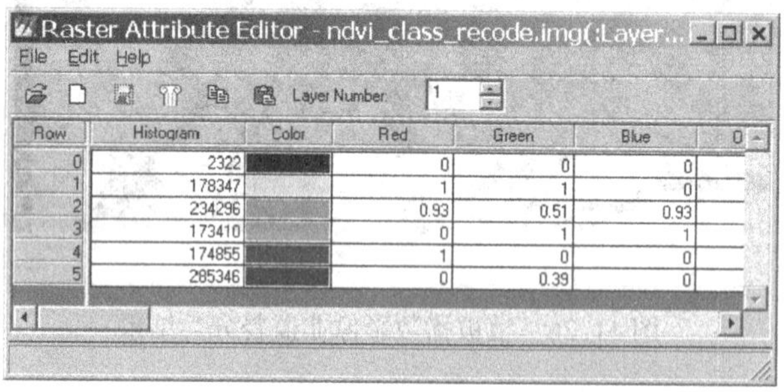

图 11.29 属性编辑对话框

图 11.30 植被指数影像分类重编码

4. 制作植被指数专题图

制作植被指数专题图在 Main 菜单下的 Map Composer 对话框中实现（见图 11.3）。其中主要是进行图例制作。打开图例基本参数设置对话框后（见图 11.31），删除当前所有字段，并增加一个自定义字段，命名为 NDVI。根据分类重编码的结果输入对应的植被覆盖率。最后将所对应的记录选中（黄色标识），点击 Apply，完成植被指数图的制作（见图 11.32）。

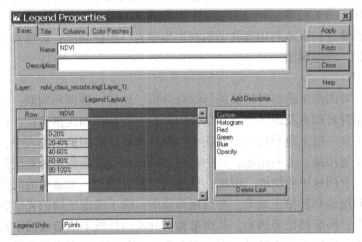

图 11.31 植被指数图图例属性设置

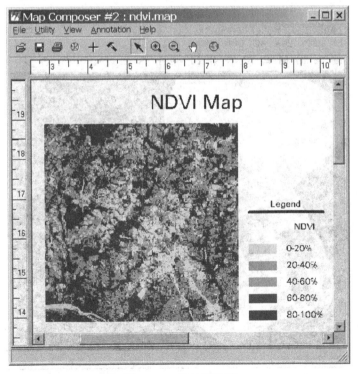

图 11.32 植被指数图

11.4 土地利用图

土地利用图表达土地资源的利用现状、地域差异和分类的专题地图。土地利用图包括：土地利用现状图、土地资源开发利用程度图、土地利用类型图、土地覆盖图、土地利用区划图和有关土地规划的各种地图。其中以土地利用现状图为主，要求如实反映制图地区内土地利用的情况、土地开发利用的程度、利用方式的特点、各类用地的分布规律，以及土地利用与环境的关系等。

利用遥感影像进行土地利用现状图的制作步骤为：影像判读；影像监督分类；分类后处理；图斑勾绘；专题制图。

1. 影像判读

影像判读是对图像上的各种特征进行综合分析、比较、推理和判断，最后提取出感兴趣的信息。根据野外调查及地区特点，结合影像的空间特征和光谱特征，建立起影像中地物的判读标志。在一级土地利用类型判读中，先从水域、农用地判读入手，其次是居民地及工矿用地、交通用地、未利用地，其中林地和园地判读准确程度相对较低。在二级类型判读中，要分出农用地中的耕地、园地、林地、其他农用地，水域中的河流、池塘，未利用土地中的未利用地和其他土地等。在目视判读中，除了考虑地物的光谱特性，还要考虑地物所处的位置、形态特征等因素，从而避免误判或由界线不清造成的不利影响，得到较准确的判读结果。所选取的影像是一幅分辨率为5m的SPOT5多光谱影像（见图11.33）。影像上比较明显的地物类别有耕地、水域、居民地和工矿（见图11.34）。

图11.33 原始影像

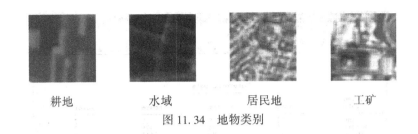

| 耕地 | 水域 | 居民地 | 工矿 |

图 11.34 地物类别

2. 影像监督分类

按照监督分类的流程，建立分类模板，进行模板评价，执行监督分类。

对监督分类而言，训练样区的数据必须既有代表性，同时还要具有完整性。用于影像分类的训练区的统计结果，一定要充分反映各种信息类型中光谱类别的所有组成。根据影像中的地物，确定选择具有代表性的训练区。对于"同物异谱"现象，将此种地物作为两个类别进行训练区的输入选择。对每种类别训练区样本选择后，检查样本的质量，剔除不好的样本，对剩余样本进行合并，从而建立分类模板（见图 11.35）。

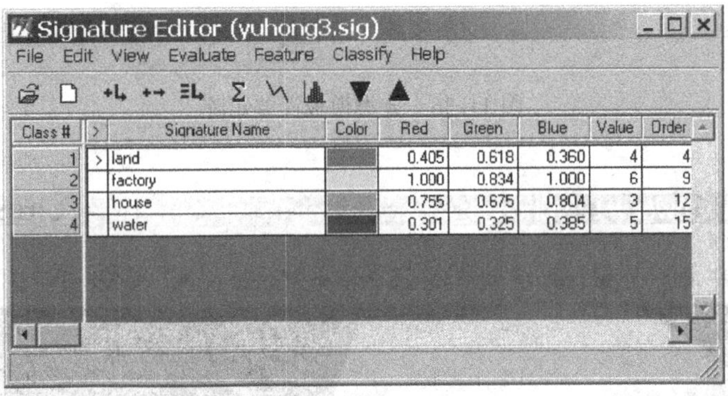

图 11.35 建立分类模板

模板评价采取统计方法来衡量训练样本之间的分离度。通常对于训练样本，要按照一定的决策规则检查两种类型的误差。错分误差，即像元被分到一个错误的类别；漏分误差，即像元没有被分到其对应的类别，这两个误差可以通过误差矩阵求得（见图 11.36）。然后利用分类模板执行监督分类，得到分类结果（见图 11.37）。

3. 分类后处理

利用光谱信息对影像的监督分类，在分类结果图上会出现"噪声"，产生噪声的原因有原始影像本身的噪声，也有在地类交界处的像元中包括多种类别的情况。另外，分类尽管正确，但某种类别分布呈零星状，占的面积很小。对于土地利用图而言，主要关注大面积的地物类型，因此希望用综合的方法剔除小的像元。

分类后的处理包括聚类统计和去除分析。聚类统计对监督分类结果的每个像元，记录其相邻区域中像元数最多的类别，产生一个 Clump 类组图像。这个过程即所谓的"多数平滑"。平滑时中心像元值取周围占多数的类别。将窗口在分类图上逐列逐行地推移运算，完成整幅分类图的平滑。去除分析室剔除聚类统计后图像中的小 Clump 类组，并且

ERROR MATRIX

Classified Data	Reference Data: land	factory	house	water
land	5652	0	25	7
factory	0	734	376	2
house	218	83	6441	0
water	0	0	0	549
Column Total	5870	817	6842	558

----- End of Error Matrix -----

ERROR MATRIX

Classified Data	Reference Data: land	factory	house	water
land	96.29	0.00	0.37	1.25
factory	0.00	89.84	5.50	0.36
house	3.71	10.16	94.14	0.00
water	0.00	0.00	0.00	98.39
Column Total	5870	817	6842	558

----- End of Error Matrix -----

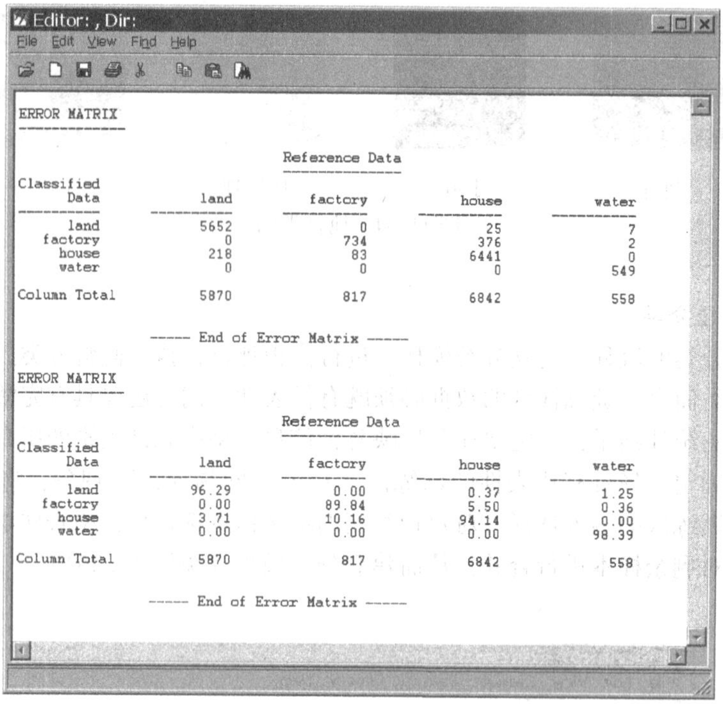

图 11.36　分类模板误差矩阵

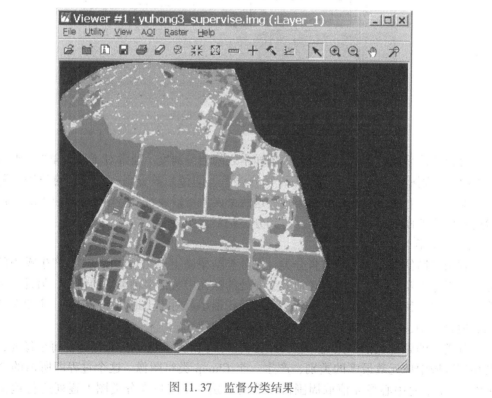

图 11.37　监督分类结果

将其合并到相邻的最大分类中。分类后处理的结果如图 11.38 所示。

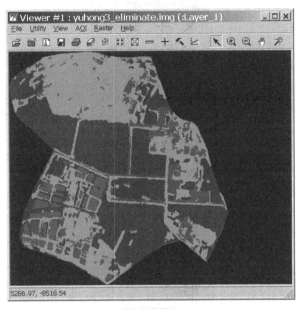

图 11.38 分类后处理结果

4. 图斑勾绘

在 Eliminate 处理后的专题图上，新建一个矢量层，在 File 菜单的子菜单 New 中选择 Vector Layer，新建一个 Shape 文件命名为 Block.shp，选择 Shapefile 类型为 Polygon Shape（见图 11.39）。然后在 View 菜单中选择 Arrange Layers，将新建的矢量层调整到最上方。再选择 Vector 菜单中的 Enable Editing，使得矢量层可编辑。单击 Vector 菜单中的 Tool 子菜单，弹出矢量编辑工具（见图 11.40）。单击 进行多边形的创建。分类后处理图为底图，分别对各种类型的地物的轮廓进行勾绘（见图 11.41）。每一类型的图斑勾绘完毕，选择 Vector 菜单中的子菜单 Symbology，弹出 Symbology 对话框（见图 11.42）。选择 Automatic 菜单下的 Unique Value 项，将多边形的 ID 号作为唯一标识（见图 11.43）。选择勾绘的多边形，改变其颜色（见图 11.44），单击 Apply 后，对于矢量层的多边形颜色将改变（见图 11.45）。最后将图斑矢量层和图斑符号保存。在 Symbology 对话框中，选择 File 菜单下 Save As 子菜单，保存为 block.evs。

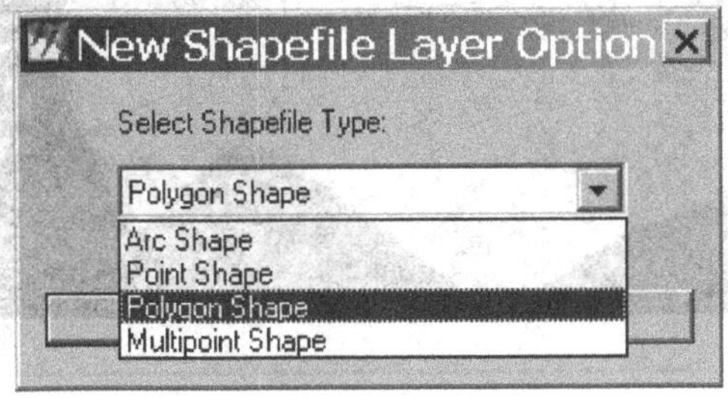

图 11.39

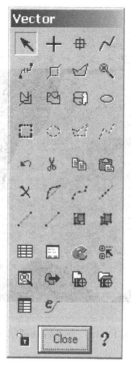

图 11.40 矢量编辑工具

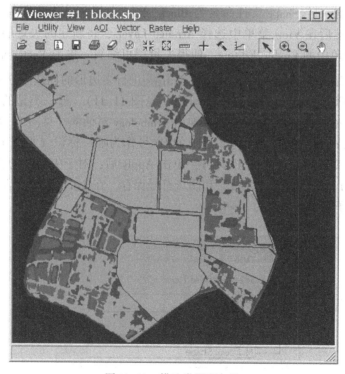

图 11.41 耕地类图斑勾绘

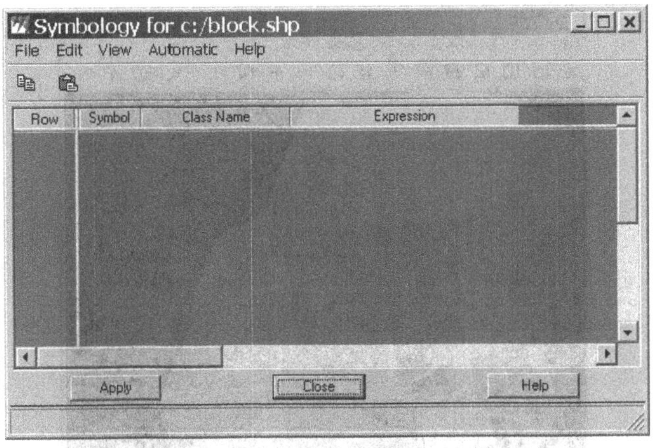

图 11.42　Symbology 对话框

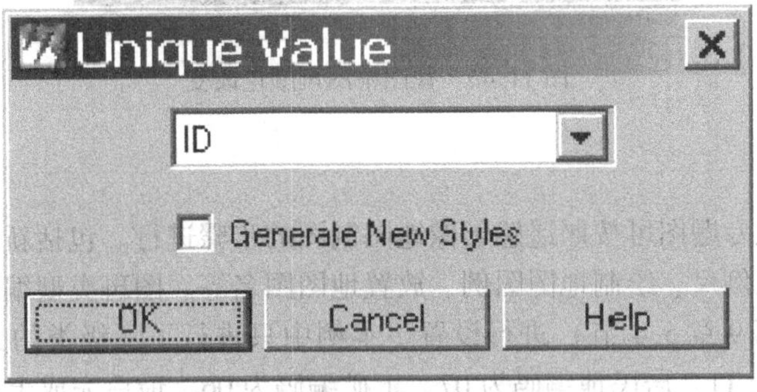

图 11.43　Unique Value 选择

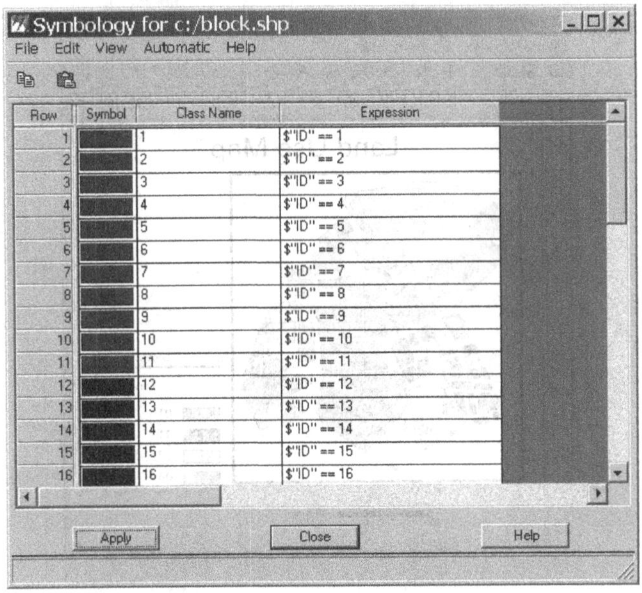

图 11.44　在 Symbol 中更改图斑颜色

图 11.45 视图中图斑颜色改变

5. 专题制图

土地利用现状专题图可按照遥感影像地图制图的步骤进行。包括新建地图、绘制地图图框、绘制地图比例尺、绘制地图图例、放置地图图名等。图斑类型编码按照土地利用现状分类编码（见第 9 章 5.4 节）进行设置。本例中只进行了一级类的分类，如耕地编码为 01，水域编码为 11，居民地编码为 07，工矿编码为 06。最后完成土地利用现状专题图的制作（见图 11.46）。

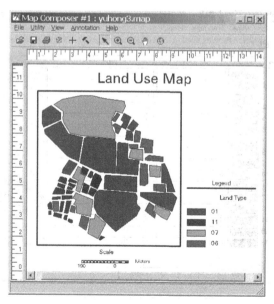

图 11.46 土地利用现状专题图

11.5 三维景观图

将遥感图像和相应的 DEM 复合即可生成具有真实感的三维景观图，可实现动态漫游和观察。DEM 是地理空间定位的数学基础和其他各种地理信息的载体，是漫游系统实现的基础。遥感影像具有丰富的地表信息，也是漫游系统实现不可缺少的基础。遥感影像必须与 DEM 文件具有相同的地图投影坐标系统，因此需要对其进行几何纠正，再将影像叠加在 DEM 上，就生成虚拟三维景观。

在 ERDAS IMAGEINE 中，VirtualGIS 模块是实现三维可视化的工具（见图 11.47）。它能在虚拟地理信息环境中进行交互处理，既能增强或查询叠加在三维表面上影像的像元值及相关属性，还能对地图矢量层的属性信息实现查询和可视化。VirtualGIS 模块包括 VirtualGIS 视图（见图 11.48）、虚拟世界编辑、三维动画制作、创建视阈层、记录飞行轨迹、创建 TIN 等。

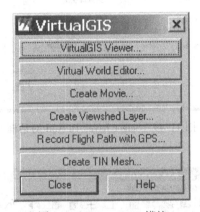

图 11.47 VirtualGIS 模块

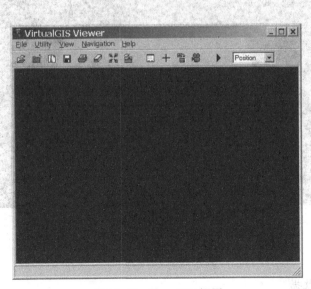

图 11.48 VirtualGIS 视图

制作三维景观图的步骤为：打开 DEM 数据；叠加 DOM 数据；设置场景属性；设置太阳光；设置 LOD；设置视点与视场。

1. 打开 DEM 数据

在 File 菜单中的 Open 子菜单中，选择 DEM，弹出 Select Layer To Add 对话框（见图 11.49）。在 File 选项卡中选择 DEM 文件，然后在 Raser Options 选项卡中，选择 DEM。单击 OK，DEM 加载到 VirtualGIS 视图中（见图 11.50）。

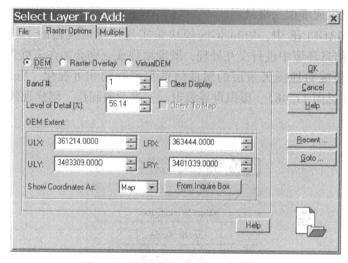

图 11.49　Select Layer To Add 对话框

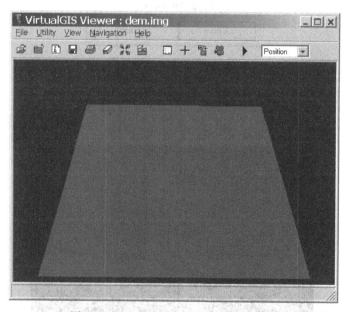

图 11.50　DEM 加载到 VirtualGIS 视图中

2. 叠加 DOM 数据

在 File 菜单中的 Open 子菜单中，选择 Raster，弹出 Select Layer To Add 对话框（见图

11.51）。在 File 选项卡中选择 DOM 文件，然后在 Raser Options 选项卡中，选择 Raster Overlay，表示将 DOM 叠加在 DEM 上显示。单击 OK，DOM 加载到 VirtualGIS 视图并叠加在 DEM 上显示（见图 11.52）。

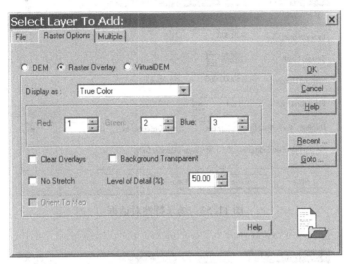

图 11.51 Select Layer To Add 对话框

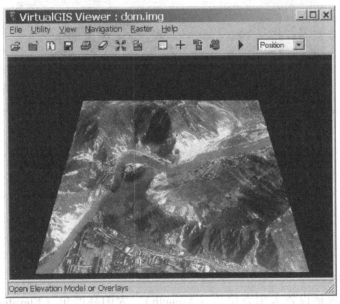

图 11.52 DOM 叠加在 DEM 上显示

3. 设置场景特性

场景特性包括 DEM 显示特性、雾特性、背景特性、漫游特性、立体显示特性和注记符号特性等。

在 VirtualGIS 的 View 菜单中，选择 Scene Properties 子菜单，弹出场景特性对话框（见图 11.53）。DEM 特性包括高程夸张系数、地形颜色、可视范围和单位等。设置高程夸张系数为30,可视范围为500 000,设置背景颜色为蓝色,其他参数为默认。单击Apply后,三维景观的场景特性后发生改变(见图11.54)。

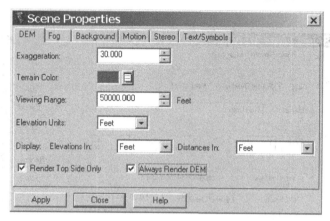

图11.53 场景特性对话框

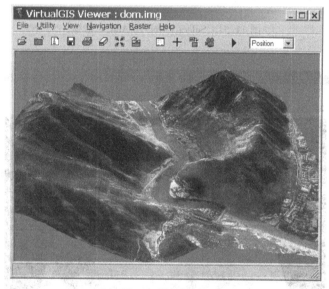

图11.54 设置场景特性后的三维景观

4. 设置太阳光

设置太阳光包括设置太阳方位角(Azimuth)、太阳高度角(Elevation)和光照强度(Ambience)等参数。这些参数可以直接由用户指定,其中太阳方位角还可以通过时间(年、月、日、时)和地点(经度、纬度)由系统计算得到。

在VirtualGIS的View菜单中,选择Sun Positioning子菜单,弹出太阳光设置对话框(见图11.55)。对话框的右侧为太阳方位角、太阳高度角和光照强度(Ambience)等参数设置区域,左侧为对应的二维示意图。将Use Lighting和Auto Apply勾选,则参数设置的结果即刻应用于三维场景中。单击Advance按钮,弹出通过时间和位置设置太阳高度角的对话框(见图11.56),分别输入2008年5月12日14时和2008年5月12日0时,北纬 31°、东经 103°（见图 11.56 和图 11.57），观察到 VirtualGIS 视图中的三维场景发生的变化。2008 年 5 月 12 日 14 时出于正午的光照条件，三维场景清晰可见（见图 11.58），2008 年 5 月 12 日 0 时出于午夜的光照条件，三维场景基本不可见（见图 11.59）。

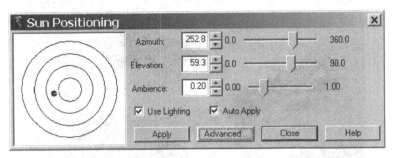

图 11.55　太阳光设置对话框

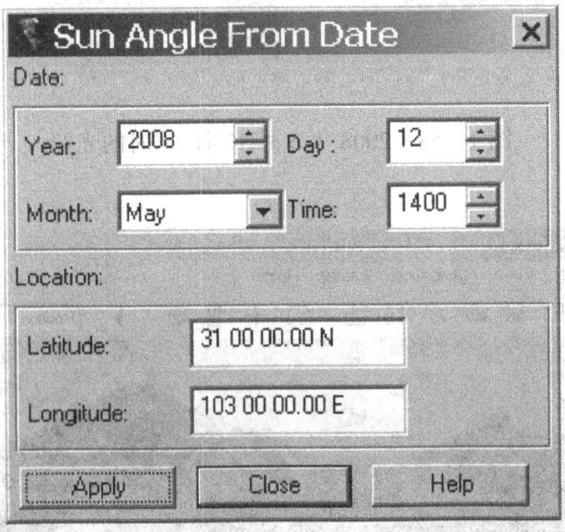

图 11.56　通过时间和位置设置太阳高度角（2008 年 5 月 12 日 14 时）

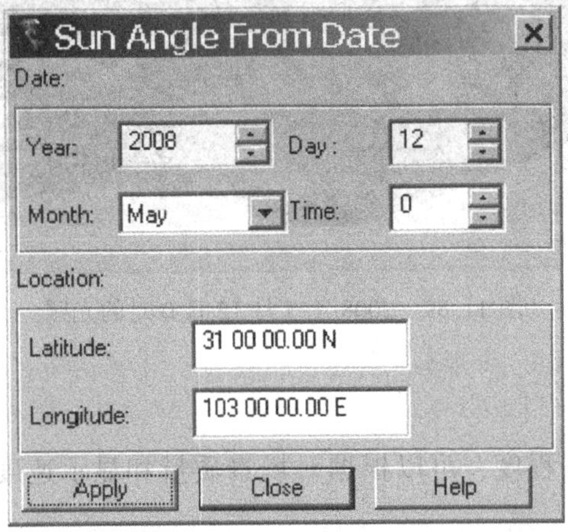

图 11.57　通过时间和位置设置太阳高度角（2008 年 5 月 12 日 0 时）

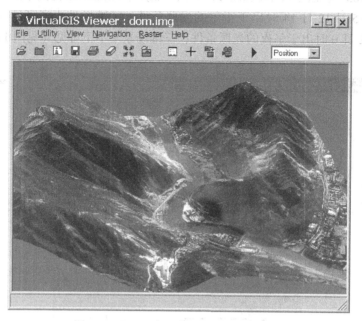

图 11.58 2008 年 5 月 12 日 14 时的光照

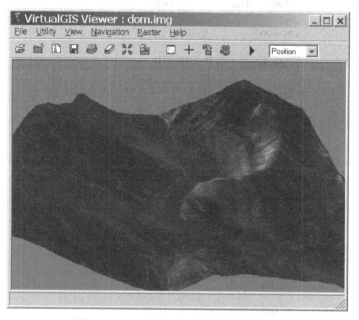

图 11.59 2008 年 5 月 12 日 0 时的光照

5. 设置 LOD

显示三维场景的详细程度,可以根据对场景质量和显示速度的需要进行调整,包括 DEM LOD 和 DOM LOD。

在 VirtualGIS 的 View 菜单中,选择 Level of Detail Control 子菜单,弹出 LOD 设置对话框(见图 11.60)。分别调整 DEM 和 DOM 的 LOD 值为 100% 和 10%(见图 11.60 和图

11.61),观察到 VirtualGIS 视图中的三维场景发生的变化。详细程度为 100%的三维场景比 10%的情况下细节显示更为清晰(见图 11.62 和图 11.63)。

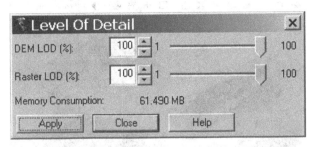

图 11.60　LOD 设置对话框(100%详细程度)

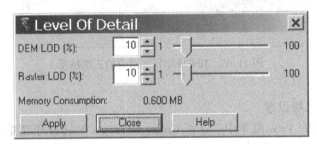

图 11.61　LOD 设置对话框(10%详细程度)

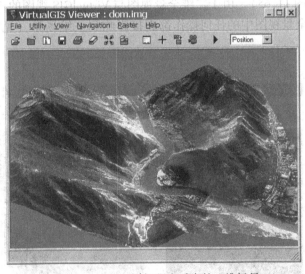

图 11.62　100%详细程度对应的三维场景

6. 设置视点

视点的设置有两种方式,一种是利用二维全景视窗,另一种是利用视点编辑器进行。在三维漫游中,VirtualGIS 视图中显示的只是整个场景的一部分,用户往往无法掌握视点位置及其场景的整体情况,二维全景视窗以平面全景图的方式,结合对视点与观察目标的拾取操作,方便用户进行直观的视点和视场设置。视点编辑器则以数字化的参数输入方式

197

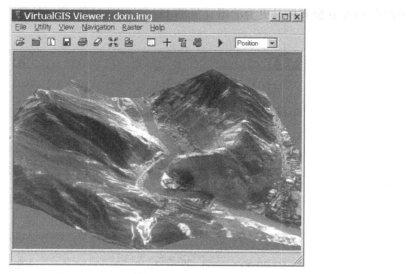

图 11.63　10%详细程度对应的三维场景

进行准确的视点和视场设置。

VirtualGIS 视图的 View 菜单中，选择 Create Overview Viewer 子菜单，弹出二维全景视图（见图 11.64）。在二维全景视图中，包含三维场景的二维平面图、视点（Eye）、观察目标（Target）和连接视点到观察目标的视线。可以通过对视点与观察目标的拾取进行位置的任意移动（见图 11.65）。由于二维全景视图与 VirtualGIS 视图的三维场景建立了相互连接关系，在二维全景视图中的任何操作都直接影响到三维场景（见图 11.66），因此非常直观，易于操作。

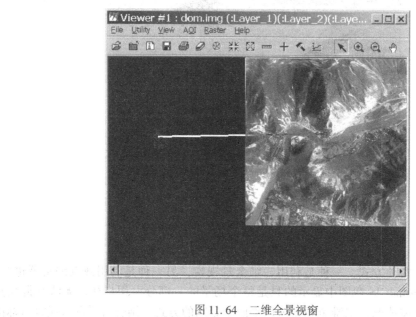

图 11.64　二维全景视窗

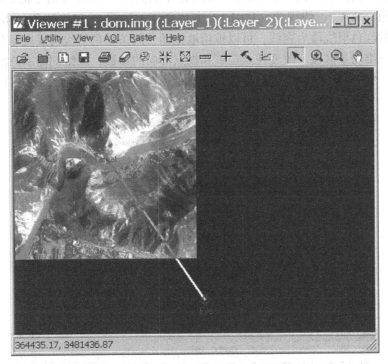

图 11.65 改变二维全景视窗中的视点位置

图 11.66 改变视点位置后的三维景观

在 VirtualGIS 视图的 Navigation 菜单中,选择 Position Editor 子菜单,弹出视点编辑对话框(见图 11.67)。其中包括视点位置、视点方向的设置和右侧对应的二维剖面示意图。

视点位置包括平面位置 XY、高度位置 AGL（地平面高度）、ASL（海平面高度）。视点方向包括视场角（FOV）、俯视角（Pitch）、方位角（Azimuth）和旋转角（Roll）。二维剖面示意图中的红色射线段为视线，可以被拾取拖动，两条绿色射线构成视场角，两个绿色三角形代表三维场景区域。改变视点位置和视点方向的参数，二维剖面示意图和三维场景都相应变化。将 FOV 修改为 90°后，观察到三维场景发生变化（见图 11.68）。

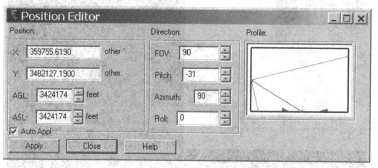

图 11.67　视点编辑对话框

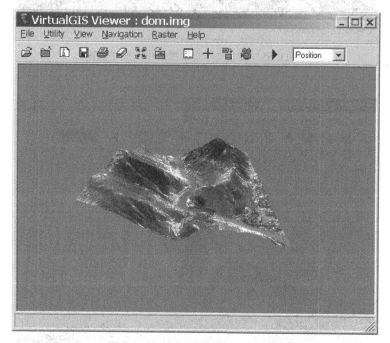

图 11.68　视点编辑后的三维场景

11.6　习　　题

1. 遥感影像地图包括哪些要素？
2. IKONOS-2 全色和多光谱影像分别可以制作何种比例尺的地图？
3. 制作遥感影像地图的步骤有哪些？

4. 植被指数有何意义?制作植被指数图的影像应具备什么条件?
5. NDVI 的定义是什么?有哪些遥感影像可以制作植被指数图?
6. 土地利用图的概念是什么?
7. 土地利用类型是如何分级的?
8. 哪些遥感影像适合于制作土地利用现状图?
9. 制作三维景观图需要哪些数据?对这些数据有何要求?
10. 三维景观图的质量与哪些因素有关?

参 考 文 献

[1] 党安荣，王晓栋，陈晓峰等. ERDAS IMAGINE 遥感图像处理方法 [M]. 北京：清华大学出版社，2003.

[2] 胡军伟，李晓东. 新一代的图像处理系统 ER Mapper V6.0 [J]. 遥感信息，1999（3）：40-43.

[3] 关泽群，刘继琳. 遥感图像解译 [M]. 武汉：武汉大学出版社，2007.

[4] 郭凯，孙培新，刘卫国. 利用 ERDAS IMAGINE 从遥感影像中提取植被指数 [J]. 西部探矿工程，2005（6）：210-212.

[5] 胡振琪，陈涛. 基于 ERDAS 的矿区植被覆盖度遥感信息提取研究 [J]. 西北林学院学报，2008，23（2）：164-167.

[6] 贾永红. 数字图像处理 [M]. 武汉：武汉大学出版社，2003.

[7] 林辉等. 多项式法航空相片几何纠正 [J]. 北京林业大学学报，2003，25（2）：59-64.

[8] 刘海原. SPOT 图像的几何纠正 [J]. 解放军测绘学院学报，1998，15（1）：33-36.

[9] 孟娇娇，武文波. 基于 ERDAS IMAGING 的三维景观漫游系统的实现 [J]. 矿山测量，2007（2）：64-66.

[10] 秦其明. 遥感概论讲义 [M]. 北京：北京大学地球与空间科学学院，2005.

[11] 孙家抦. 遥感原理与应用 [M]. 武汉：武汉大学出版社，2003.

[12] 舒添慧等. 一种基于小波变换的图像融合方法 [J]. 微计算机信息，2008，24：8-3：267-268.

[13] 汤国安，张友顺，刘咏梅等. 遥感数字图像处理 [M]. 北京：科学出版社，2004.

[14] 王海晖等. 多源遥感图像融合效果评价方法研究 [J]. 计算机工程与应用，2003，25：33-37.

[15] 王佩军等. 摄影测量学 [M]. 武汉：武汉大学出版社，2005.

[16] 谢凤英，赵丹培. Visual C++数字图像处理 [M]. 北京：电子工业出版社，2008.

[17] 朱述龙等. 遥感影像镶嵌时拼接缝的消除方法 [J]. 遥感学报，2002，6（3）：183-187.

[18] 赵英时. 遥感应用分析原理与方法 [M]. 北京：科学出版社，2003.

[19] 张祖勋，张剑清. 数字摄影测量学 [M]. 武汉：武汉大学出版社，1997.

[20] 郑明国. ERDAS 软件支持下的土地利用/土地覆盖分类研究 [D]. 河南大学，2002.

[21] ERDAS. ERDAS Field Guide. Atlanta, Georgia：Leica Geosystems Geospatial Imaging, LLC，2005.

[22] Gonzalez, R. C. and R. E. Woods. Digital Image Processing. New York：Addison-Wesley，2002，793.

[23] H. M. Yilmaz. SELECTION OF THE MOST SUITABLE SIZES OF GROUND CONTROL POINTS IN THE SATELLITE IMAGES [R]. ISPRS Commission IV, WG IV/7 2004.

[24] Jensen John R.. Intorductory Digital Image Processing: A Remote Sensing Perspective (3-nd Ed). PrenticeHall, Englewood Cliffs, N. J., 1996.

[25] John R. Jensen. 遥感数字图像处理导论 [M]. 陈晓玲等译. 北京：机械工业出版社，2007.

[26] R. C. 冈萨雷斯等. 数字图像处理. 阮秋琦，阮宇智等译. 北京：电子工业出版社，2007.

[27] Siddiqui, Y. The Modified IHS Method for Fusing Satellite Imagery. ASPRS 2003 Annual Conference Proceedings, 2003.

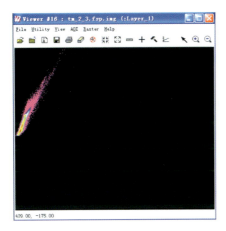 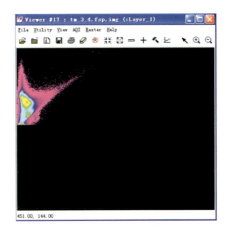

(a) 第2波段和第3波段的二维特征空间图　　(b) 第3波段和第4波段的二维特征空间图

图3.2　武汉地区Landsat TM影像特征空间图

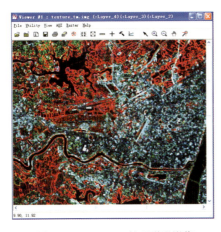 

图3.11　Landsat TM纹理增强影像　　　　图3.12　Landsat TM彩红外影像
　　　　　　　　　　　　　　　　　　　　　　　　（第4、3、2波段组合）

图3.14　Landsat TM真彩色影像　　　　图3.15　Landsat TM的第4、5、3波段组合
（第3、2、1波段组合）

图3.16 Landsat TM的第7、4、2波段组合

图3.18 SPOT-5真彩色影像

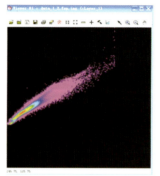
图3.20 不同波段组合特征图对比

（a）蓝色波段灰度显示

（b）RGB三波段真彩色显示

（c）近红外、红色以及绿色波段组合假彩色显示

（d）蓝色波段伪彩色显示

图4.4 多波段遥感数据显示

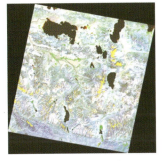 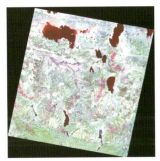

(a)743波段组合　　　　　　　(b)472波段组合

(c)451波段组合　　　　　　　(d)432波段组合

图4.5　TM7个波段的4种组合方式

 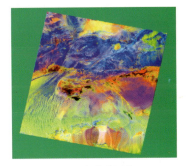

(a)原始图像　　　　　　　　(b)主成分图像

图5.13　图像主成分变换

(a)原始图像　　　　　　　　(b)同态滤波图像

图5.19　图像同态滤波

(a)南极Grove地区SPOT多光谱影像

(b)对(a)同态滤波的结果

图5.29 南极遥感影像

(a)全色图像

(b)多光谱图像

(c)IHS融合

(d)小波变换融合

图6.1 图像IHS融合与小波变换融合

图6.3 图像PCA变换融合

图6.4 图像乘积变换融合

图6.5 图像Brovey变换融合

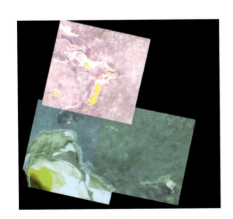
（a）未经过直方图匹配

（b）经过直方图匹配

图8.1 镶嵌时直方图匹配效果

图9.5 纹理（分辨率0.5m）

图9.6 阴影（铁塔和高层建筑物）

图9.7 图案（居民地和农田）

图9.10 利用多光谱遥感影像进行台湾新竹区林区受灾前后对比

2000年12月28日　　　　　　　　　2001年9月12日

图9.11　利用IKONOS通过形状对比分析评估损失状况

图9.12　2006年香港大揽郊野公园火灾（左图为灾前，右图为灾后）

图9.18　彩色航片　　　　　图9.19　全色航片　　　　　图9.20　彩红外航片

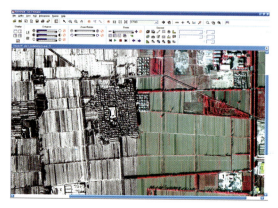

图10.5 原始影像以及分类后影像的Swipe效果（左侧为分类后影像，右侧为原始影像）

图10.9 山西某区域的非监督分类结果

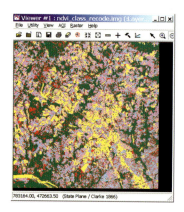

图11.30 植被指数影像分类重编码

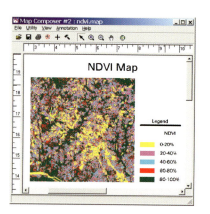

图11.32 植被指数图

图11.33 原始影像

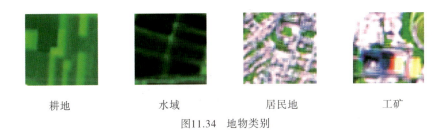

耕地　　　　　　水域　　　　　　居民地　　　　　　工矿

图11.34 地物类别

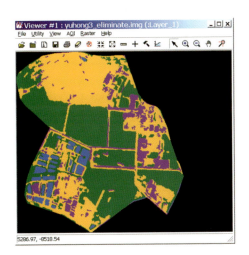

图11.38 分类后处理结果

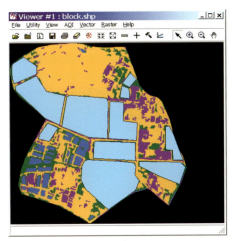

图11.41 耕地类图斑勾绘

图11.45 视图中图斑颜色改变

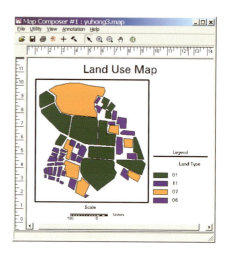
图11.46 土地利用现状专题图

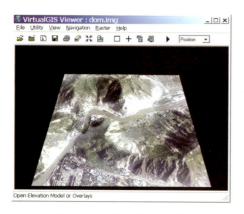
图11.52 DOM叠加在DEM上显示

图11.54 设置场景特性后的三维景观

图11.58 2008年5月12日14时的光照

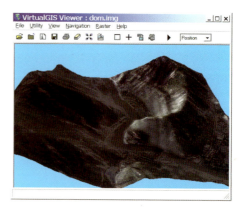
图11.59 2008年5月12日0时的光照

图11.62 100%详细程度对应的三维场景

图11.63 10%详细程度对应的三维场景

图11.64 二维全景视窗

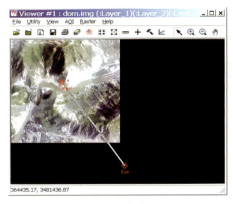
图11.65 改变二维全景视窗中的视点位置

图11.66 改变视点位置后的三维景观

图11.68 视点编辑后的三维场景